全国一级造价工程师（水利工程）职业资格考试辅导教材

建设工程技术与计量（水利工程）复习题集及历年真题解析

主编　魏　东　蔡迪亚

黄河水利出版社
·郑州·

图书在版编目(CIP)数据

建设工程技术与计量(水利工程)复习题集及历年真题解析/魏东,蔡迪亚主编.—郑州:黄河水利出版社,2020.5

全国一级造价工程师(水利工程)职业资格考试辅导教材

ISBN 978-7-5509-2641-7

Ⅰ.①建… Ⅱ.①魏… ②蔡… Ⅲ.①水利工程-建筑造价管理-资格考试-题解 Ⅳ.①TU723.31-44

中国版本图书馆CIP数据核字(2020)第064478号

组稿编辑:母建茹 电话:0371-66025355 E-mail:273261852@qq.com

出版社:黄河水利出版社 网址:www.yrcp.com

地址:河南省郑州市顺河路黄委会综合楼14层 邮政编码:450003

发行单位:黄河水利出版社

发行部电话:0371-66026940、66020550、66028024、66022620(传真)

E-mail:hhslcbs@126.com

承印单位:河南承创印务有限公司

开本:890 mm×1 240 mm 1/16

印张:7.75

字数:180千字 印数:1—4 000

版次:2020年5月第1版 印次:2020年5月第1次印刷

定价:48.00元

前　言

2018 年 7 月 20 日，住房和城乡建设部、交通运输部、水利部、人力资源社会保障部联合颁布了文件《关于造价师资格考试办法》，该办法将造价师正式纳入国家职业资格目录，要求工程造价咨询企业、工程建设活动中造价工作岗位应配备造价工程师。

造价工程师分为一级造价工程师和二级造价工程师。为了帮助各位考生复习，本书编写组依据国家最新颁布的法律法规、工程建设强制性标准和定额，根据《全国一级造价工程师职业资格考试大纲》要求，结合中国水利水电勘察设计协会编制的《建设工程技术与计量》（水利工程）教材，编撰了本辅导用书。本书可作为一级造价工程师、二级造价工程师（水利工程）职业资格考试用书，也可用于水利工程造价人员和水利工程建设与管理技术人员培训教材。

本书包括工程地质、建筑材料、水工建筑物、机电及金属结构、水利工程施工、工程计量等内容，编写时根据考核要求和历年考试的基本情况。首先，系统梳理了各章节的核心考点，帮助各位考生快速准确地把握考试的基本内容，以达到事半功倍的效果。其次，本书针对考试中的核心考点、重点难点和易混淆考点，列举了一定数量的习题，使各位考生在练习中提高对知识点的理解与考试运用能力。最后，将历年真题精准定位到各个章节，帮助各位考生充分掌握解题思路和技巧，进一步领悟考试命题方式、出题思路以及考试命题的趋势。

编写过程中难免有不妥之处，恳请各位考生以及同仁不吝赐教，以便再版时加以修正。

作　者
2020 年 1 月

目　录

考试须知

根据住房和城乡建设部、交通运输部、水利部、人力资源社会保障部联合颁布的文件《关于造价师资格考试办法》(2018)和水利工程一级造价工程师考试大纲要求,考试试题类型、考试时间和考试复习大纲如下。

一、考试时间与试题类型

名称	科目			
	建设工程造价管理	建设工程计价	建设工程技术与计量(土木建筑工程、交通运输工程、水利工程、安装工程)	建设工程造价案例分析(土木建筑工程、交通运输工程、水利工程、安装工程)
考试时间(小时)	2.5	2.5	2.5	4
满分记分	100	100	100	120
试题类型	客观题	客观题	客观题	主观题

说明:客观题指单项选择题、多项选择题等题型,主观题指问答题、计算题等题型。

二、考试时间与题型

科目	题型	题量	分值	时间
第三科 建设工程技术与计量	客观题(单项选择题、多项选择题)	80	单项选择题每题1分、多项选择题每题2分,共100分	每年10月中、下旬 上午9:00~11:30

提示:

本辅导教材中典型习题和历年真题均为客观题,题型包括单选题和多选题,相关要求如下:

1. 单选题:每题1分。4个备选项中,只有1个最符合题意,错选本题不得分。

2. 多选题:每题2分。5个备选项中,有2个或2个以上符合题意,至少有1个错项。错选,本题不得分;少选,所选的每个选项得0.5分。

三、造价工程师考试安排

<table>
<tr><td rowspan="2">造价工程师</td><td>每年10月的中、下旬</td><td>上午:9:00~11:30 建设工程造价管理
下午:2:00~4:30 建设工程计价</td><td rowspan="2">每年考试具体时间,请注意人事考试部门的相关通知</td></tr>
<tr><td>每年10月的中、下旬</td><td>上午:9:00~11:30
建设工程技术与计量(土木建筑工程、交通运输工程、水利工程、安装工程)
下午:2:00~6:00
建设工程造价案例分析(土木建筑工程、交通运输工程、水利工程、安装工程)</td></tr>
</table>

四、考试大纲

(一)工程地质

(1)岩(土)体的工程特性;
(2)水库、水工建筑物工程地质;
(3)工程地质问题及处理措施。

(二)建筑材料

(1)建筑材料的分类及性能;
(2)建筑材料的应用。

(三)水工建筑物

(1)工程等别与水工建筑物级别;
(2)枢纽工程建筑物分类及基本型式;
(3)引水工程建筑物分类及基本型式;
(4)河道工程建筑物分类及基本型式。

(四)机电及金属结构

(1)水力机械设备;
(2)电气设备;
(3)金属结构设备。

(五)水利工程施工

(1)施工机械;
(2)施工导截流;
(3)施工技术;
(4)施工工厂设施;
(5)施工总布置;
(6)施工总进度。

(六)工程计量

(1)工程计量的基本原理与方法;
(2)水利工程设计工程量计算规定;
(3)水利工程工程量清单项目及工程量计算规则。

第一章 工程地质

第一节 岩(土)体的工程特性

核心考点点拨

一、土体的工程特性

【考点01】 土的组成及结构

(一)土的三相结构:固相、液相、气相。

(二)土的固相:粒径分组。

(三)土的液相:结合水与自由水。

(四)土的结构:单粒结构、蜂窝结构、絮凝结构。

【考点02】 土的物理力学性质

(一)土的试验指标测定方法及计算:土的天然密度(重度)、土的含水率、土粒比重。

(二)土的换算指标测定计算及应用:孔隙比和孔隙率、饱和度、饱和重度与饱和密度、有效重度(浮重度)与有效密度、干重度与干密度。

(三)土的物理状态:

1. 砂土密实状态指标的计算及分类:孔隙比、相对密度、标准贯入试验。

2. 黏性土的稠度状态定义:缩限 ω_S、塑限 ω_P、液限 ω_L。

3. 塑性指数和液性指数的计算及应用。

4. 土的抗剪强度表达式及字母的含义。

【考点03】 土的分类

二、岩体的工程特性

【考点01】 造岩矿物的物理性质

【考点02】 岩石的基本类型

(一)岩石的分类:岩浆岩、沉积岩、变质岩。

(二)三大岩类属性比较。

(三)岩石的工程应用。

【考点03】岩石的物理力学性质指标

(一)岩石主要物理力学性质指标测定方法、计算及应用:

1. 岩石块体密度和重度。

2. 岩石颗粒密度。

3. 孔隙率。

4. 岩石的吸水性和抗冻性。

(二)岩石的主要力学性质指标表达式字母含义及计算:

1. 单轴抗压强度和软化系数。

2. 岩石的变形参数。

3. 抗剪强度。

【考点04】 工程岩体分级

(一)岩土体渗透性分级:渗透系数、透水率。

(二)围岩稳定性评价:围岩类型、支护类型。

(三)岩体基本质量分级因素

1. 岩石坚硬程度与风化程度分类。

2. 岩石饱和单轴抗压强度与岩石坚固程度的对应关系。

3. 岩体完整性指数与岩体完整程度的对应关系。

(四)岩体基本质量分级

1. 岩体基本质量指标及分级。

2. 岩体基本质量指标表达式及字母含义。

【考点05】 地质构造

(一)岩层产状要素及定义。

(二)断裂构造的分类及定义:裂隙、断层。

【考点06】 水文地质和自然地质作用

(一)河谷地貌

1. 纵谷及横谷的定义及应用。

2. 河谷的组成及阶地分类。

(二)地下水的分类及比较:埋藏条件、含水层的孔隙性质。

(三)河流地质作用分类。

典型习题

1. 工程地质问题包括工程地质条件和工程地质作用,下列属于工程地质作用的有(　　)。

A. 地形地貌　B. 水库诱发地震　C. 砂土振动液化　D. 水文地质条件

E. 建筑物荷载引起地基岩土体的沉陷变形

2. 根据《土的工程分类标准》(GB/T 50145—2007),土粒粒径大于 0.075 mm,小于 2 mm,属于(　　)。

A. 粉粒　B. 砂粒　C. 砾粒　D. 卵石

3. 根据《土的工程分类标准》(GB/T 50145—2007),砾粒分为(　　)。

A. 特粗砾　B. 粗砾　C. 中砾　D. 细砾

E. 特细砾

4. 工程上通过室内颗粒级配试验确定各粒组的含量,小于 0.075 mm 的颗粒采用(　　)。

A. 烘干法　B. 环刀法　C. 筛分法　D. 密度计法

5. 土的天然密度在实验室常采用(　　)测定。

A. 环刀法　B. 灌砂法　C. 烘干法　D. 比重瓶法

6. 某土体质量为 1 g,该土中水的质量为 0.2 g,则该土体含水率为(　　)。

A. 20%　B. 25%　C. 75%　D. 80%

7. 某单位土体中空气的体积为 0.05 cm^3,水的体积为 0.15 cm^3,则该土体的孔隙率、饱和度为(　　)。

A. 20%、75%　B. 25%、75%　C. 20%、25%　D. 25%、25%

8. 某单位土体(1 cm^3 土体)中气体体积 V_a 为 0.05 cm^3,水的体积 V_w 为 0.15 cm^3,土粒质量为 1.5 g,水的密度为 1 g/cm^3,则该土体有效密度为(　　)。

A. 1.7 g/cm^3　B. 1.5 g/cm^3　C. 0.7 g/cm^3　D. 0.65 g/cm^3

9. (　　)反映土颗粒排列的紧密程度,工程上常用它作为控制人工填土施工质量的指标。

A. 干密度　B. 干重度　C. 饱和密度　D. 饱和重度

E. 有效重度

10. 下列土的物理力学性质指标中,属于试验测定指标的有(　　)。

A. 土的天然密度B. 干重度　C. 土的含水率　D. 饱和度

E. 孔隙比

11. 下列关于砂土的密实状态说法错误的是(　　)。

A. 孔隙比是确定土体的密实状态的简便指标,孔隙比越大则土体中的孔隙体积越大,土体越松,但未考虑级配影响

B. $Dr=1$ 时,土体处于最疏松状态

C. 某土体 Dr 为 0.52,其状态为中密

D. 根据标准贯入试验,击入土层中的深度为 30 cm 需要的锤击数量为 15,则其状态为稍密

12. 下列关于黏性土物理状态指标说法错误的有(　　)。

A. 液限是指土由可塑状态变化到半固体状态的界限含水率

B. 缩限用符号 ω_S 表示

C. 塑性指数是指塑限与缩限的差值

D. 土具有可塑性,是区别黏性土和无黏性土的重要特征之一

E. 土中多含自由水时,土处于流动状态

13. 某土体的天然含水率为 35%,缩限为 10%,塑限为 20%,液限为 40%,则该土体状态为(　　)。

A. 硬塑　B. 可塑　C. 软塑　D. 流塑

14. 黏性土抗剪强度的表达式为 $\tau_f=c+\sigma\tan\varphi$,式中 c 表示(　　)。

A. 土的抗剪强度　B. 滑动面上的法向应力

C. 黏聚力　D. 土的内摩擦角

15. 某土体缩限为 10%,塑限为 20%,液限为 40%,根据《岩土工程勘察规范》(GB

50021—2001)中土的分类,则该土体属于(　　)。

A. 砂土　　B. 粉土　　C. 粉质黏土　　D. 黏土

16. 矿物的物理性质是鉴定矿物的主要依据,下列属于矿物物理性质的有(　　)。

A. 缩限　　B. 形态　　C. 颜色　　D. 弹性模量

E. 硬度

17. 工程中常用摩氏硬度计来表示矿物的相对硬度,石英的硬度等级为(　　)。

A. 6 级　　B. 7 级　　C. 8 级　　D. 9 级

18. 岩石基本类型可分为岩浆岩、沉积岩、变质岩,下列属于岩浆岩的有(　　)。

A. 花岗岩　　B. 石英岩　　C. 流纹岩　　D. 石灰岩

E. 玄武岩

19. 沉积岩是由风化产物、有机物质和某些火山作用产生的物质,经(　　)等一系列地质作用而形成的层状岩石。

A. 风化　　B. 高温　　C. 搬运　　D. 沉积

E. 化学

20. 变质岩的结构主要有(　　)。

A. 变余结构　　B. 碎屑结构　　C. 变晶结构　　D. 泥质结构

E. 碎裂结构

21. (　　)具有全晶质结构,晶粒粗大均匀,孔隙率小,裂隙不发育,岩石整体稳定性好,新鲜的岩石是良好建筑物地基。

A. 喷出岩　　B. 浅成岩　　C. 深成岩　　D. 黏土岩

22. 岩石块体密度是(　　)的比值。

A. 试样质量 m 与试样体积 V　　B. 干试样质量 m_s 与试样体积 V

C. 干试样质量 m_s 与岩石固体体积 V_s　　D. 试样质量 m 与岩石固体体积 V_s

23. 岩石颗粒密度测定常采用(　　)。

A. 量积法　　B. 蜡封法　　C. 水中称量法　　D. 比重瓶法

24. 表征岩石吸水性的指标有吸水率、饱和吸水率和饱和系数,岩石吸水率是试件在大气压力和室温条件下浸水(　　)吸入水的质量与试件烘干后质量的比值。

A. 72 h　　B. 48 h　　C. 24 h　　D. 12 h

25. 某单位岩石烘干后质量为 2 310 kg,在大气压力和室温条件下浸水 48 h 后的质量为 2 317 kg,吸水饱和后试件质量为 2 319 kg,则该岩石饱和系数为(　　)。

A. 0.30　　B. 0.39　　C. 0.78　　D. 0.99

26. (　　)是表示岩石力学性质最基本、最常用的指标。

A. 抗拉强度　　B. 岩石密度　　C. 抗压强度　　D. 抗剪强度

27. 某岩石干燥状态下单轴抗压强度平均值 50 MPa,饱和状态下单轴抗压强度平均值 40 MPa,冻融试验后单轴抗压强度平均值 30 MPa,则其冻融系数、软化系数分别为(　　)。

A. 0.75、0.80　　B. 0.60、0.75　　C. 0.60、0.80　　D. 0.75、0.60

28. 下列属于岩石变形参数的有(　　)。

A. 单轴抗压强度　B. 弹性模量　C. 变形模量　D. 抗冻性

E. 泊松比

29. 根据《水利水电工程地质勘察规范》(GB 50487—2008),某岩石透水率为6(Lu),则其属于(　　)。

A. 极微透水　B. 微透水　C. 弱透水　D. 中透水

30. 根据《水利水电工程地质勘察规范》(GB 50487—2008),(　　)类围岩可不支护或局部锚杆或喷薄层混凝土。

A. Ⅰ　B. Ⅱ　C. Ⅲ　D. Ⅳ

E. Ⅴ

31. 经过室内试验测定,一岩块的单轴饱和抗压强度为45 MPa,则其属于(　　)。

A. 坚硬岩　B. 较坚硬岩　C. 较软岩　D. 软岩

32. 岩体完整程度的定量指标采用岩体完整性指数 K_v 表示,其为岩体与岩石的纵波速度之比的平方,某岩体完整性指数为0.4,则其属于(　　)。

A. 极破碎　B. 破碎　C. 较破碎　D. 较完整

33. 岩体基本质量指标(BQ)由岩石坚硬程度和岩体完整程度决定,某岩体基本质量指标为550,则其属于(　　)级 。

A. Ⅰ　B. Ⅱ　C. Ⅲ　D. Ⅳ

34. 岩层层面的产状要素包括(　　)。

A. 走向　B. 纹理　C. 倾向　D. 断层

E. 倾角

35. 下列示意图中,表示逆断层的是(　　)。

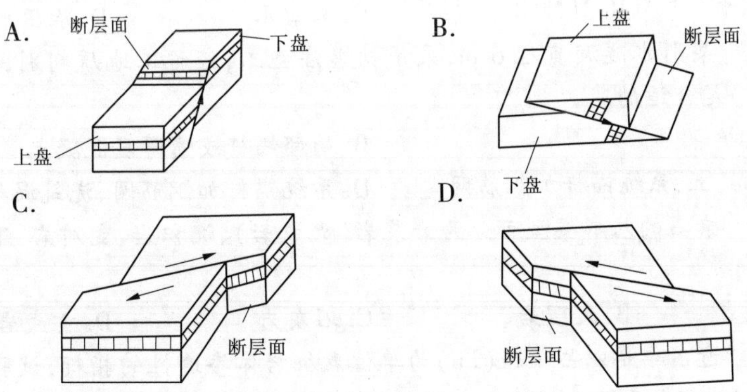

36. 下列关于河谷地貌说法错误的是(　　)。

A. 纵谷河谷延伸方向与岩层走向或地质构造线方向一致

B. 阶地自上而下依次称为一级阶地、二级阶地

C. 基座阶地上部为冲积物,下部为基岩

D. 堆积阶地完全由冲积物组成,可分为上叠阶地和内叠阶地

37. 阶地是指河谷谷坡上分布的洪水不能淹没的台阶状地形,下图所示的阶地形式属于(　　)。

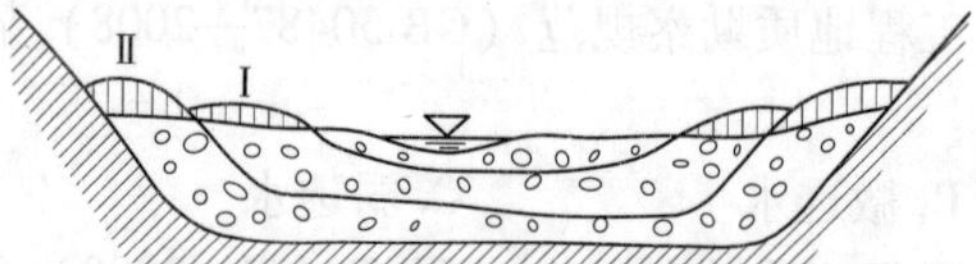

A. 侵蚀阶地　B. 基座阶地　C. 上叠阶地　D. 内叠阶地

38. 地下水按照含水层的孔隙性质分为(　　)。

A. 包气带水　B. 裂隙水　C. 岩溶水　D. 承压水

E. 孔隙水

39. 常处于第一个稳定隔水层以上具有自由水面的重力水为(　　)。

A. 包气带水　B. 承压水　C. 裂隙水　D. 潜水

40. 河流的地质作用可分为(　　)。

A. 侵蚀作用　B. 生物风化作用　C. 化学风化作用　D. 搬运作用

E. 沉积作用

历年真题练习

【2019-1】 经过室内试验测定,一岩块的单轴饱和抗压强度为 65 MPa,则其属于(　　)。

A. 坚硬岩　B. 较坚硬岩　C. 较软岩　D. 软岩

【2019-2】 按照地下水的埋藏条件,可将地下水分为包气带水、潜水和(　　)。

A. 孔隙水　B. 裂隙水　C. 岩溶水　D. 承压水

【2019-3】 某引水隧洞直径 6 m,采用钻爆法施工,经施工地质判别围岩级别为Ⅲ级,选择(　　)是合适的。

A. 不支护　B. 局部锚杆或喷薄层混凝土

C. 喷混凝土、系统锚杆加钢筋网　D. 系统锚杆加钢筋网、浇筑混凝土衬砌

【2019-5】 岩石的基本类型可分为岩浆岩(火成岩)、沉积岩、变质岩,下列属于变质岩的是(　　)。

A. 流纹岩　B. 大理岩　C. 石灰岩　D. 玄武岩

【2019-6】 透水率是以吕荣值(Lu)为单位表征岩体渗透性的指标,试验流体时地层的渗透系数,1 Lu 相当于(　　)。

A. 1×10^{-3} cm/s　B. 1×10^{-4} cm/s　C. 1×10^{-5} cm/s　D. 1×10^{-6} cm/s

【2019-61】 下列岩石属于岩浆岩(火成岩)的有(　　)。

A. 花岗岩　B. 玄武岩　C. 安山岩　D. 片麻岩

E. 闪长岩

参考答案

1. BCE。本题考核工程地质条件和工程地质作用的类型。参见教材 P1。

2. B。本题考核土的粒径分组，如下图所示。参见教材 P2。

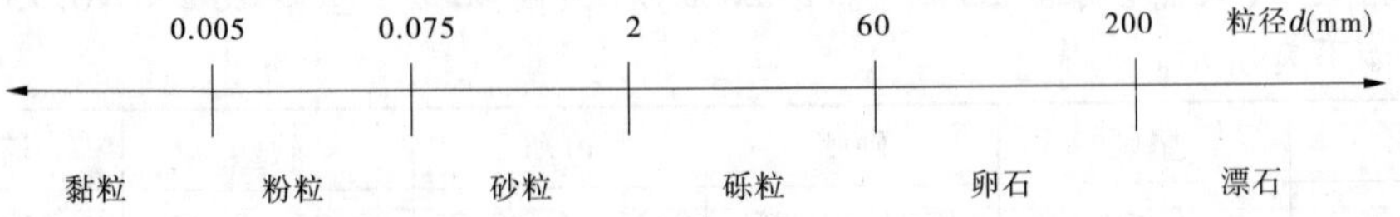

3. BCD。本题考核土的粒组划分，如下表所示。参见教材 P2。

粒组	颗粒		粒径 d 的范围(mm)
巨粒	漂石(块石)		$d>200$
	卵石(碎石)		$60<d\leqslant200$
粗粒	砾粒	粗砾	$20<d\leqslant60$
		中砾	$5<d\leqslant60$
		细砾	$2<d\leqslant5$
	砂粒	粗砂	$0.5<d\leqslant2$
		中砂	$0.25<d\leqslant0.5$
		细砂	$0.075<d\leqslant0.25$
细粒	粉粒		$0.005<d\leqslant0.075$
	黏粒		$d\leqslant0.005$

4. D。本题考核颗粒级配各粒组含量测定方法。参见教材 P3。

5. A。本题考核土的试验指标测定方法。参见教材 P4。

6. B。本题考核土的含水率计算。参见教材 P4。

含水率 =(水的质量:0.2 g)/(土粒的质量:1 g－0.2 g)=25%。

7. A。本题考核土的孔隙比和饱和度。参见教材 P4。

孔隙率 =(空隙的体积:0.05 g＋0.15 g)/(土体体积:1 g)=20%

饱和度 =(水的体积:0.15 g)/(空隙体积:0.05 g＋0.15 g)=75%

8. C。本题考核土的饱和密度与有效密度。参见教材 P5。

饱和密度 =[土粒重量:1.5 g＋(空隙体积:0.05 g＋0.15 g)× 水的密度:1 g/cm^3]/(土体的体积 1 cm^3)=1.7 g/cm^3

土体有效密度 = 饱和密度:1.7 g/cm^3 － 水的密度 1 g/cm^3 =0.7 g/cm^3

9. AB。本题考核土的物理力学指标的应用。参见教材 P5。

10. AC。本题考核土的物理力学指标分类。参见教材 P4～5。

11. B。本题考核砂土的密实状态。参见教材 P5～6。

12. AC。本题考核黏性土的稠度状态。参见教材 P6。

13. B。本题考核液性指数计算和黏性土状态。参见教材 P7。

液性指数 =(天然含水率 35% - 塑限 20%)/(液限 40% - 塑限 20%) = 0.75。黏性土的状态如下表所示。

状态	坚硬	硬塑	可塑	软塑	流塑
液性指数	$I_L \leq 0$	$0 < I_L \leq 0.25$	$0.25 < I_L \leq 0.75$	$0.75 < I_L \leq 1$	$I_L > 1$

14. C。本题考核土的抗剪强度表达式。参见教材 P7。

15. D。本题考核土的分类。参见教材 P9。

塑性指数 =(液限 40% - 塑限 20%)的绝对值 = 20,大于 17。

16. BCE。本题考核矿物的物理性质。参见教材 P9。

17. B。本题考核标准矿物的硬度等级。参见教材 P9。

18. ACE。本题考核岩石的分类。参见教材 P10。

19. ACD。本题考核岩石的形成过程。参见教材 P10。

20. ACE。本题考核岩石的结构。参见教材 P10。

21. C。本题考核岩石的工程地质应用。参见教材 P11。

22. A。本题考核岩石物理力学指标计算公式。参见教材 P12。

23. D。本题考核岩石物理力学指标测定方法。参见教材 P12。

24. B。本题考核岩石的吸水性。参见教材 P12。

25. C。本题考核岩石的吸水性。参见教材 P13。

岩石吸水率 =(试件吸入水的质量:2 317 - 2 310)/(试件烘干后的质量:2 310) = 7/2 310

岩石饱和吸水率 =(试件强制饱和下最大吸水量:2 319 - 2 310)/(试件烘干后的质量:2 310) = 9/2 310

岩石饱和系数 =(7/2 310)/(9/2 310) = 0.78

26. C。本题考核岩石的主要力学性质指标。参见教材 P13。

27. A。本题考核岩石冻融系数、软化系数的计算。参见教材 P13。

冻融系数 = 冻融试验后单轴抗压强度平均值:30 MPa/饱和状态下单轴抗压强度平均值:40 MPa = 0.75

岩石饱和状态下抗压强度标准值:40 MPa/干燥状态下单轴抗压强度平均值50 MPa = 0.80。

28. BCE。本题考核岩石的变形参数。参见教材 P14。

29. C。本题考核岩土体的渗透性分级。参见教材 P14。

30. AB。本题考核围岩的支护。参见教材 P15。

31. B。本题考核岩石坚硬完整程度。参见教材 P17。

32. C。本题考核岩体完整性指数。参见教材 P18。

33. B。本题考核岩体基本质量指标分级。参见教材 P18。
34. ACE。本题考核岩层产状。参见教材 P19。
35. B。本题考核断裂结构中断层的分类。参见教材 P21。
36. B。本题考核河流阶地。参见教材 P22。
37. C。本题考核阶地的类型。参见教材 P22。
38. BCE。本题考核地下水的类型。参见教材 P23。
39. D。本题考核地下水的埋藏条件。参见教材 P23。
40. ADE。本题考核河流地质作用。参见教材 P23。
【2019-1】 A。参见教材 P17。
【2019-2】 D。参见教材 P23。
【2019-3】 C。参见教材 P15。
【2019-5】 B。参见教材 P10、P103。
【2019-6】 C。参见教材 P14。
【2019-61】 ABCE。参见教材 P10。

第二节　水库工程地质

核心考点点拨

【考点 01】　水库常见工程地质问题
【考点 02】　水库渗漏
(一)水库渗漏形式。
(二)水库渗漏通道的地质条件分析:
1. 地质构造条件:纵向、横向河谷地段,有断层通过的河谷地段。
2. 水文地质条件:潜水分布区。
(三)水库渗漏处理措施分类及适用情形。
【考点 03】　库岸稳定
(一)水库塌岸类型:土质岸坡、岩质岸坡。
(二)水库塌岸预测方法及防治措施。
【考点 04】　水库浸没
(一)水库浸没的不良后果。
(二)水库浸没的防治措施及分类。
【考点 05】　水库淤积的防治措施

典型习题

1. 永久性渗漏指库水通过与库外相通的、具渗漏性的岩(土)体长期向库外相邻的低谷、洼地或坝下游产生渗漏,其中(　　)的透水性最为强烈,渗漏最为严重。
A. 松散土体孔隙性透水层　　B. 坚硬岩层的强裂隙性透水带
C. 断层破碎带　　D. 可溶岩类的岩溶洞穴管道

2.一般情况下,只要是渗漏总量(包括坝区的渗漏量)小于该河流多年平均流量的(　　),则是可以允许的。

A.7%　　B.5%　　C.3%　　D.1%

3.潜水分布区,水库与邻谷间河间地块(　　)的关系,是判断水库是否渗漏的重要条件。

A.潜水地下水位　　B.水库正常低水位

C.水库正常高水位　　D.邻谷水位

E.水库校核洪水位

4.水库渗漏防渗处理措施包括(　　)。

A.铺盖　　B.减压井　　C.截水墙　　D.排水沟

E.帷幕灌浆

5.水库渗漏处理措施中,(　　)适用于很厚的砂砾石地基、裂隙发育的岩基以及岩溶透水层,对裂隙性岩溶渗漏具有显著的防渗效果 。

A.铺盖　　B.截水墙　　C.帷幕灌浆　　D.减压井

6.水库土质岸坡破坏形式主要以(　　)为主。

A.塌岸　　B.泥石流　　C.滑坡　　D.崩岸

7.水库塌岸的预测方法包括(　　)。

A.经验法　　B.图解法　　C.计算法　　D.类比法

E.试验法

8.水库浸没是指水库蓄水后,引起库岸周围一定范围内地下水位抬升,当壅高后的地下水位接近或超出地面时,除地表水体形成淹没及移民损失外,还可能导致(　　)等不良后果。

A.农田沼泽化　　B.诱发地震　　C.土地盐碱化　　D.水库渗漏

E.建筑物地基饱水恶化

9.(　　)是防治浸没的有效措施。

A.降低浸没库岸段的地下水位　　B.适当降低正常高水位

C.调整农作物种类　　D.防渗堵截或疏干排水

10.下列属于水库淤积防治措施的有(　　)。

A.水土保持　　B.植树造林　　C.降低库岸地下水位　　D.草皮护坡

E.异重流排沙

历年真题练习

【2019-62】 当水库库区产生某些不利的地貌地质因素时,可能产生的工程地质问题包括(　　)。

A.水库渗漏　　B.库岸稳定　　C.水库浸没　　D.水库诱发地震

E.水质恶化

参考答案

1. D。本题考核水库的渗漏形式。参见教材 P24。
2. B。本题考核水库渗漏。参见教材 P24。
3. ACD。本题考核水库渗漏通道水文地质条件。参见教材 P26。
4. ACE。本题考核水库渗漏处理措施的分类。参见教材 P27。
5. C。本题考核水库渗漏处理措施的适用情形。参见教材 P29。
6. A。本题考核水库塌岸的类型。参见教材 P30。
7. BCDE。本题考核水库塌岸的预测方法。参见教材 P31。
8. ACE。本题考核水库浸没的不良后果。参见教材 P31。
9. A。本题考核水库浸没的防治措施。参见教材 P32。
10. ABE。本题考核水库淤积防治措施。参见教材 P33。

【2019-62】 ABCD。参见教材 P24。

第三节　水工建筑物工程地质

核心考点点拨

【考点 01】　水工建筑物分类

【考点 02】　坝

(一)坝基工程地质问题：

1. 坝区渗漏通道的分类。
2. 坝基渗透变形的类型及区别。
3. 重力坝坝基滑动破坏形式。

(二)坝基处理措施的分类及适用情形：

1. 开挖清基。
2. 岩土体的加固。
3. 防渗和排水。
4. 改变建筑物的结构型式。

【考点 03】　边坡

(一)边坡变形与破坏的类型。

(二)边坡变形破坏的防治原则和措施分类。

1. 防渗与排水。
2. 削坡减重或反压。
3. 修建支挡工程。
4. 锚固。

【考点 04】　地下洞室

(一)洞室围岩变形破坏的类型。

(二)隧洞施工工程地质问题。

(三)提高围岩稳定性措施分类及应用。

【考点05】 渠道

(一)渠道选线工程地质问题:地形、地质条件。

(二)渠道渗漏影响因素及渠道防渗措施。

(三)渠道边坡破坏类型及预防措施。

典型习题

1. 下列不属于水工建筑物三大部分的是(　　)。

A. 挡水建筑物　　B. 泄水建筑物

C. 取水输水建筑物　　D. 附属建筑物

2. 下列关于不同坝型对地形、地质要求说法错误的是(　　)。

A. 土坝对地基的要求较低,属于塑性坝体,可适应一定的地基变形

B. 重力坝横断面近于梯形,体积大,重量大,主要依靠坝体自重与地基间摩擦角维持稳定

C. 重力坝坝基整体应具有足够的整体性和均一性,坝基岩体应具有足够的抗剪强度

D. 拱坝是一空间壳体结构,平面上呈拱形,凸向上游,在所有坝型中对地形、地质条件的要求最高

3. 水工建筑中渗透系数(K)小于(　　)为隔水层。

A. 10^{-5} cm/s　　B. 10^{-6} cm/s　　C. 10^{-7} cm/s　　D. 10^{-8} cm/s

4. (　　)是指土体内的细颗粒或可溶成分由于渗流作用而在粗颗粒孔隙通道内移动或被带走的现象。

A. 管涌　　B. 流土　　C. 接触冲刷

D. 接触流失

5. 如右图所示的坝基滑动破坏形式属于(　　)。

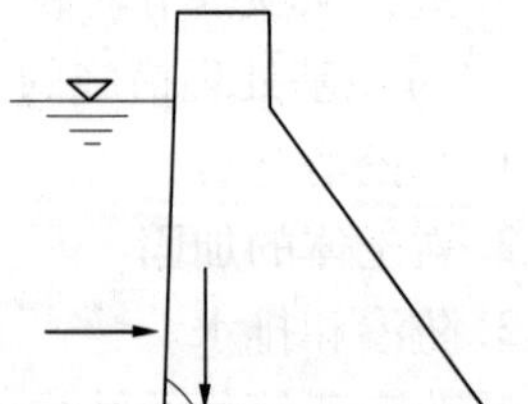

A. 表层滑动　　B. 浅层滑动　　C. 深层滑动

D. 混合滑动

6. 下列坝基处理措施中,属于岩土体加固的是(　　)。

A. 固结灌浆　　B. 混凝土防渗墙　　C. 锚固

D. 预留沉降缝　　E. 桩基加固

7. 当坝基透水层很厚、混凝土防渗墙难以达到隔水层时,可用(　　)或上墙下幕的方法进行处理。

A. 洞挖回填处理　　B. 帷幕灌浆　　C. 截水槽　　D. 铺盖

8. 下列属于边坡变形与破坏类型的有(　　)。

A. 管涌　　B. 流土　　C. 松弛张裂　　D. 蠕动

E. 表层滑动

9. 下列关于边坡变形破坏说法错误的是(　　)。

A. 防治边坡变形和破坏的目的在于消除其危害性

B. 不稳定边坡防治原则为以防为主、质量第一

C. 滑坡区以外的山坡截水沟,应布设在滑坡可能发展扩大的范围以外至少 5 m 处

D. 削坡减重是指在滑坡体的上部牵引段和部分主滑段(产生剩余下滑力的部分)挖去一部分岩土体,以减少滑坡重量和滑坡推力的工程措施

10. 下图所示的边坡处理方式属于(　　)。

A. 削坡减重　B. 挡土墙　C. 抗滑桩　D. 锚固

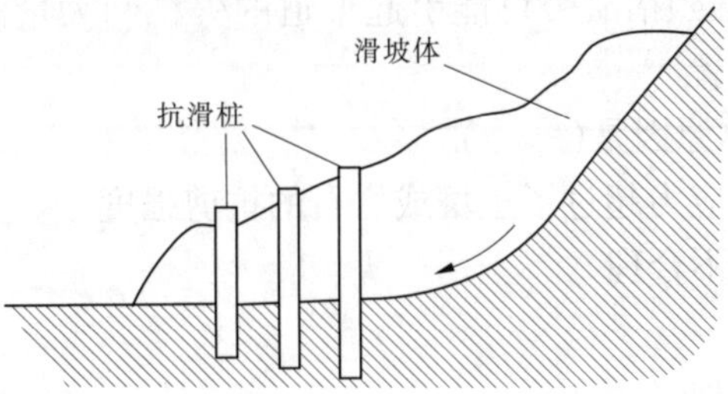

11. 下列关于地下洞室说法错误的有(　　)。

A. 按其内壁是否有内水压力作用分为无压洞室和有压洞室

B. 直接影响围岩稳定的是初始应力状态

C. 塑性松动圈的出现,使圈内应力释放而明显降低,被称为应力降低区

D. 承载圈可以承受上覆岩体的自重以及侧向地应力的附加荷载,在设计支衬时,应当考虑充分发挥围岩的自承能力

E. 松动圈和承载圈不随地质条件和时间的变化而变化

12. 层状结构岩体的破坏类型主要有(　　)。

A. 脆性破裂　B. 滑移掉块　C. 弯折　D. 拱曲

E. 松动解脱

13. 洞室围岩最小厚度的确定与洞径大小、岩体完整性及岩石强度有关,在坚硬岩石中的无压隧洞,其上覆岩体的最小厚度应为(　　)倍洞径。

A. 1 ~ 1.5　B. 1.5 ~ 2　C. 2 ~ 2.5　D. 2.5 ~ 3

14. (　　)是防止涌水、突泥地质灾害的必要措施。

A. 地下水有一定的水压力　B. 良好的地质条件

C. 流动的地下水　D. 正确的施工方法

15. 沼气在空气中含(　　)以上就会发生"瓦斯爆炸"。

A. 1% ~ 2%　B. 3% ~ 4%　C. 5% ~ 6%　D. 7% ~ 8%

16. 下列围岩加固措施中,(　　)是防止围岩塌方而进行的临时性措施。

A. 支撑　B. 衬砌　C. 喷锚支护　D. 固结灌浆

17. 下列关于新奥法施工说法错误的是(　　)。

A. 喷射混凝土、锚杆和现场量测称为新奥法的三大支柱

B. 一次被覆作业应在开挖后 1/2 围岩自稳时间内完成

C. 二次被覆结构应承受围岩位移引起的荷载

D. 新奥法隧洞掘进的施工工序分为开挖、一次被覆、构筑防水层和二次被覆等

18. 下列关于渠道选线的工程地质条件说法错误的是(　　)。

A. 岭脊线一般适用于山脊地形起伏不大的丘陵地区,对于高山峡谷地区则不适用

B. 地势平坦的山前平原及平原区的线路选择时应注意微地形变化,尽量选在地势最高处,而且要有0.5%左右的纵坡降

C. 渠道选线时,对渗透性大的厚层砂砾岩、卵石及漂石层等应尽量避开

D. 断层破碎带、强烈褶皱带可能引起渠道的失稳和大量渗漏,渠道选线应尽量沿其走向平行布置

19. 渠道坍塌的根本原因是(　　)。

A. 渠坡内部的剪应力超过了土壤或岩石的抗剪强度

B. 渠道断面设计不合理

C. 施工质量不好

D. 水量调配不合理

20. 对可能发生滑塌的渠段,以下预防措施错误的是(　　)。

A. 对边坡很陡的渠段进行削坡处理

B. 在沉陷性较大的土壤上筑渠时,直接把断面挖至设计深度

C. 合理调配水量,使渠道流量缓慢增减

D. 对已经坍塌的渠坡,清除下滑土体,再把渠坡挖成阶梯形,还土夯实

参考答案

1. D。本题考核水工建筑物的组成部分。参见教材P34。

2. B。本题考核不同坝型对地形、地质要求。参见教材P35。

3. C。本题考核隔水层的渗透系数。参见教材P36。

4. A。本题考核坝基渗透变形的类型。参见教材P37。

5. D。本题考核坝基滑动形式。参见教材P38。

6. ACE。本题考核坝基处理措施的分类。参见教材P39。

7. B。本题考核坝基处理措施的适用情形。参见教材P40。

8. CD。本题考核边坡破坏类型。参见教材P41。

9. B。本题考核边坡破坏的防治措施。参见教材P43。

10. C。本题考核边坡破坏防治措施的应用。参见教材P44。

11. BE。本题考核围岩应力重分布特征。参见教材P46。

12. CD。本题考核围岩变形破坏的类型。参见教材P47。

13. A。本题考核地下洞室地形、地质条件。参见教材P48。

14. D。本题考核隧洞施工的工程地质问题。参见教材P49。

15. C。本题考核隧洞施工的工程地质问题。参见教材P49。

16. A。本题考核围岩加固措施的区别。参见教材P50。

17. C。本题考核新奥法在隧洞施工中的应用。参见教材P51~52。

18. D。本题考核渠道选线的工程地质条件。参见教材P52。

19. A。本题考核渠道坍塌的原因分类。参见教材 P55。

20. B。本题考核滑塌渠道的预防措施。参见教材 P55。

第四节　特殊岩(土)体工程地质

核心考点点拨

【考点 01】　特殊工程土的类型

【考点 02】　湿陷性黄土的分类

【考点 03】　膨胀土(岩)的主要特征

【考点 04】　软土特点及处理措施

【考点 05】　防治砂土液化方法及消除地基液化沉陷的措施

典型习题

1. 下列关于特殊岩(土)体说法错误的是(　　)。

A. 自重湿陷性黄土在上覆土层自重应力作用下受水浸湿后即发生湿陷

B. 工程建设中红黏土基础尽量深埋

C. 多年冻土至少冻结连续 3 年以上

D. 杂填土的承载力常随填龄增大而提高

2. 自由膨胀率为(　　)属于中膨胀土。

A. 50%　　B. 60%　　C. 80%　　D. 92%

3. 下列关于软土说法错误的有(　　)。

A. 天然含水率高,接近或大于液限

B. 孔隙比大,一般大于 1

C. 软土具有透水性高和低压缩性的工程特性

D. 软土地基开挖工程,通常采用换填法处理

E. 采用抛石挤淤法,抛石时应自两旁开始,逐次向中部展开

4. 盐渍土的液限、塑限随土中含盐量的增大而降低,当土的含水率等于其(　　)时,土的抗剪强度近乎等于零。

A. 液限　　B. 塑限　　C. 缩限　　D. 饱和含水率

5. 采用深基础来消除地基液化沉陷,其深入液化深度下稳定土层中的深度不少于(　　)。

A. 0.1 m　　B. 0.5 m　　C. 1.0 m　　D. 1.5 m

历年真题练习

【2019-4】　在水利水电工程地质勘察中,需研究(　　)的湿陷性。

A. 淤泥　　B. 黄土　　C. 膨胀土　　D. 红黏土

参考答案

1. B。本题考核特殊土体特点及处理措施。参见教材 P55 ~56,58。

2. C。本题考核膨胀土的特征。参见教材 P56。

3. CE。本题考核软土的特点及处理措施。参见教材 P57 ~58。

4. A。本题考核盐渍土的特性。参见教材 P58。

5. B。本题考核消除地基液化沉陷的措施。参见教材 P60。

【2019-4】 B。参见教材 P56。

第二章　建筑材料

核心考点点拨

【考点01】　建筑材料的分类

【考点02】　水泥

（一）硅酸盐水泥的定义和技术性质。

（二）混合水泥：

1. 混合材料的分类。

2. 掺和料用量、代号、特性及适用范围。

（三）常用水泥的包装及标志。

【考点03】　建筑钢材

（一）碳素结构钢牌号表示方法及应用。

（二）优质碳素结构钢钢号表示方法。

（三）普通低合金钢钢号表示方法。

（四）钢筋混凝土结构用钢号及应用。

（五）钢材的性能指标及应用。

【考点04】　木材的物理性质及力学性质

【考点05】　汽油、柴油的分类

【考点06】　炸药的性能及特点

【考点07】　混凝土

（一）混凝土的组成材料及基本要求。

（二）混凝土的主要技术性质。

1. 混凝土和易性指标。

2. 混凝土拌和物凝结时间测定。

3. 混凝土的强度指标：抗压强度、抗拉强度。

4. 混凝土的耐久性：抗渗性、抗冻性、碱骨料反应。

（三）水泥混凝土细骨料：

1. 细度模数。

2. 细骨料的颗粒级配及含水状态。

3. 细骨料品质要求。

（四）水泥混凝土粗骨料：

1. 最大粒径及颗粒级配。

2. 物理力学性质。

3. 粗骨料品质要求。

(五)混凝土配合比：

1. 混凝土外加剂的主要作用。

2. 混凝土配合比参数及计算。

(六)碾压混凝土：

1. 碾压混凝土的分类。

2. 碾压混凝土拌和物的工作性。

(七)特种混凝土的应用

【考点 08】　砌筑砂浆组成材料及性质

【考点 09】　建筑砌块的分类

【考点 10】　烧结普通砖的基本特征

【考点 11】　土工合成材料的分类及应用

【考点 12】　压力灌浆分类及止水材料

【考点 13】　天然筑坝材料

(一)防渗土料要求。

(二)堆石料、砌石料原岩质量技术指标。

(三)垫层料与过渡料作用及要求。

【考点 14】　沥青

(一)石油沥青的组分及结构。

(二)石油沥青性质。

【考点 15】　保温隔热材料分类及比较

典型习题

1. 下列关于建筑材料分类说法错误的是(　　)。

A. 按照化学成分来分类,水泥混凝土属于有机材料

B. 水利工程建筑材料是原材料、半成品、成品的总称

C. 水泥、混凝土等相对用量较多、影响投资较大的材料称为主要材料

D. 主要材料和次要材料是相对的

2. 按化学成分来分类,水泥属于(　　)。

A. 复合材料　　B. 无机水硬性胶凝材料

C. 有机材料　　D. 无机气硬性胶凝材料

3. 工程中常用的(　　)称为五大品种水泥。

A. 硅酸盐水泥　　B. 普通硅酸盐水泥

C. 矿渣硅酸盐水泥　　D. 火山灰质硅酸盐水泥

E. 复合硅酸盐水泥

4. 矿渣硅酸盐水泥熟料的组成矿物中,(　　)水化速度最快、水化热最大。

A. 硅酸三钙　　B. 硅酸二钙　　C. 铝酸三钙　　D. 铁铝酸四钙

5. 下列关于硅酸盐水泥技术性质说法错误的有(　　)。

A. 细度用比表面积法表示,水泥颗粒越细,与水反应的表面积越大,水化速度越

慢，早期强度越低，但硬化收缩较大

B. 硅酸盐水泥比表面积应大于 300 m^2/kg

C. 初凝时间是自水泥加水拌和起，至水泥浆完全失去塑性并开始产生强度所需的时间

D. 水泥安定性不良的主要原因是熟料中游离氧化钙、游离氧化镁或石膏含量过多

E. 水泥水化热主要在后期释放，对大体积混凝土工程不利

6. 硅酸盐水泥强度是指胶砂的强度而不是净浆强度，根据规定，将水泥、标准砂和水按照（质量比）水泥∶标准砂、水灰比为（　　）的规定制成胶砂试件，在标准温度（20 ± 1）℃的水中养护，测 3 d 和 28 d 的试件抗折强度和抗压强度，以规定龄期的抗压强度和抗折强度划分强度等级。

A. 1∶2、0.5　B. 1∶3、0.5　C. 1∶2、2　D. 1∶3、2

7. 凡本身不具有水硬性或水硬性很弱的混合材料，在石灰、石膏的作用下具有较强的水硬性的材料称为活性混合材料，下列属于活性混合材料的有（　　）。

A. 石英砂　B. 粒化高炉矿渣　C. 石灰石　D. 粉煤灰

E. 硅粉

8. 下列关于粉煤灰说法错误的是（　　）。

A. 粉煤灰的主要材料为含水硅酸质材料、铝硅玻璃质材料和烧黏土质材料等

B. 国家标准规定粉煤灰烧失量不大于 8%

C. 粉煤灰比表面积测定方法包括氮吸附法和透气法

D. 在混凝土中掺加粉煤灰可减少用水量、改善拌和物和易性

9. 混合材料水泥中，（　　）具有较好的抗渗性。

A. 硅酸盐水泥　B. 普通硅酸盐水泥

C. 矿渣硅酸盐水泥　D. 火山灰质硅酸盐水泥

10. 由硅酸盐水泥熟料和 20% ~ 40% 的粉煤灰、适量石膏磨细制成的水硬性胶凝材料，称为粉煤灰硅酸盐水泥，代号（　　）。

A. P·S　B. P·C　C. P·F　D. P·P

11. 下列关于常用水泥包装及标志说法错误的是（　　）。

A. 袋装水泥每袋净质量 50 kg，且应不少于标准质量的 99%

B. 随机抽取 20 袋，总质量（含包装袋）应不少于 1 000 kg

C. 硅酸盐水泥和普通硅酸盐水泥采用绿色

D. 散装发运时应提交与袋装标志内容相同的卡片

12. 下列关于碳素结构钢说法错误的是（　　）。

A. 从 Q195 ~ Q275，钢号越大，钢中含碳量越多，其强度、硬度也就越高，但塑性和韧性降低

B. Q235 号钢有较高的强度和良好的塑性、韧性，易于焊接，被广泛地用于建筑结构中

C. Q235 – B. F 表示屈服强度 235MPa，等级为 F 级的半镇静钢

D. 在钢号组成表示方法中，“Z”与“TZ”代号可以省略

13. 优质碳素结构钢,磷硫含量限制较严,一般均不得大于(   )。

A. 0.02%   B. 0.04%   C. 0.2%   D. 0.4%

14. 普通低合金钢 30Cr 表示合金含量为(   )。

A. 1%   B. 2%   C. 3%   D. 4%

15. 热轧带肋钢筋 HRBF400 中 F 表示(   )。

A. 细晶粒   B. 高延性   C. 抗震性   D. 带肋

16. 钢号中,CRB650 表示(   )。

A. 热轧光圆钢筋   B. 热轧带肋钢筋

C. 冷拔低碳钢丝   D. 冷轧带肋钢筋

17. 下列钢筋中,(   )宜用作预应力钢筋混凝土。

A. HPB300   B. HRB500   C. HRB600   D. CRB550

E. 甲级冷拔低碳钢丝

18. 钢板以厚度(   )为界限,分为厚板和薄板。

A. 1 mm   B. 2 mm   C. 3 mm   D. 4 mm

19. 抗拉性能是钢材的最主要性能,其技术指标主要是(   )。

A. 屈服强度   B. 冲击性能   C. 抗拉强度   D. 伸长率

E. 焊接性能

20. 下列关于钢材性能说法正确的有(   )。

A. 伸长率表征了钢材的塑性变形能力,大小与标距长度无关

B. 钢材的硬度常用布氏硬度值 HB 表示

C. 施工时宜选用脆性临界温度高于使用温度的钢材

D. 冷弯时的弯曲角度越大、弯心直径越小,则表示其冷弯性能越好

E. 钢材的工艺性包括冷弯性能和焊接性能

21. 如下图所示,σ_s 表示钢筋的(   )。

A. 屈服强度   B. 弹性极限   C. 抗拉强度   D. 伸长率

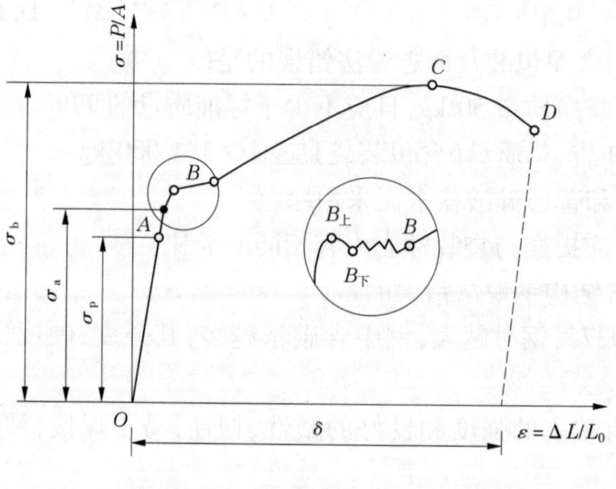

22. 下列关于木材物理性质说法正确的有（　　）。

A. 木材的含水率指水的质量占木材质量的比值

B. 影响木材物理力学性质的含水率指标包括纤维饱和点和平衡含水率

C. 平衡含水率是木材物理力学性质是否随含水率而发生变化的转折点

D. 木材径向变形最小

E. 木材在顺纹方向抗拉强度是木材各种力学强度中最高的

23. 柴油使用性能中最重要的是着火性和流动性，流动性技术指标为（　　）。

A. 凝点　　B. 辛烷值　　C. 牌号　　D. 十六烷值

24. 柴油应按照当地当月风险率为（　　）的最低气温选用。

A. 5%　　B. 10%　　C. 15%　　D. 20%

25.（　　）炸药适用于小直径炮孔、坚硬矿岩和水下爆破作业，但其安全性较差，炸药有毒。

A. 矿用炸药　　B. 硝铵类炸药

C. 硝化甘油类炸药　　D. 芳香族硝基化合物类炸药

26. 炸药的爆炸性能主要有（　　）。

A. 威力　　B. 细度　　C. 猛度　　D. 强度

E. 安定性

27. 感度指炸药在外界能量作用下发生爆炸变化的难易程度，是衡量爆炸（　　）的一个重要标志，通常以引起爆炸变化的（　　）外界能量来表示。

A. 稳定性　最小　　B. 破坏能力　最小

C. 稳定性　最大　　D. 破坏能力　最大

28. 混凝土是由水泥、水、砂及石子四种基本材料组成的，（　　）起润滑作用，使拌和物便于浇筑施工。

A. 水　　B. 水泥　　C. 水泥浆　　D. 砂

29. 工程中使用的混凝土，一般必须满足（　　）基本要求。

A. 和易性　　B. 强度　　C. 安定性　　D. 耐久性

E. 经济合理

30. 反映水泥混凝土质量的主要技术指标有（　　）。

A. 变形　　B. 和易性　　C. 压缩性　　D. 耐久性

E. 强度

31. 下列不属于混凝土拌和物和易性指标的是（　　）。

A. 流动性　　B. 黏聚性　　C. 保水性　　D. 凝结时间

32. 混凝土拌和物的凝结时间通常用贯入阻力法测定，终凝时间是指用贯入阻力仪的试杆插入待测砂浆深度 25 mm，测贯入阻力为（　　）对应的时间。

A. 3.5 MPa　　B. 7 MPa　　C. 14 MPa　　D. 28 MPa

33. 混凝土强度中立方体抗压强度最大，其指的是（　　）。

A. 150 mm 的立方体试件，养护 28 d，80% 的强度保证率

B. 150 mm 的立方体试件，养护 28 d，95% 的强度保证率

C. 150 mm 的立方体试件,养护 90 d,80% 的强度保证率

D. 150 mm 的立方体试件,养护 90 d,95% 的强度保证率

34. 大体积混凝土强度等级为 $C_{90}15$,表示(　　)。

A. 设计龄期为 28 d,保证率为 80%

B. 设计龄期为 28 d,保证率为 95%

C. 设计龄期为 90 d,保证率为 80%

D. 设计龄期为 90 d,保证率为 95%

35. 混凝土抗拉强度一般为其抗压强度的(　　)。

A. 3% ~6%　　B. 7% ~14%　　C. 15% ~19%　　D. 20% ~30%

36. 某混凝土抗渗等级为 W10,表示混凝土在标准试验条件下能抵抗(　　)的压力水而不渗水。

A. 10 MPa　　B. 1.0 MPa　　C. 10 kPa　　D. 1 kPa

37. 混凝土抗冻性常以抗冻等级表示,取 28 d 龄期(　　)的混凝土试件,采用快速冻融法确定。

A. 150 mm × 150 mm × 150 mm

B. 150 mm × 150 mm × 300 mm

C. 100 mm × 100mm × 100 mm

D. 100 mm × 100 mm × 400 mm

38. 下列关于混凝土耐久性说法错误的是(　　)。

A. 混凝土中掺入粉煤灰以及采用蒸汽养护的养护方法,会加速混凝土碳化

B. F50 指试件在水饱和状态下经 50 次标准条件下的快速冻融后,其相对动弹性模量 P 下降至 5% 或质量损失达 60%

C. 有抗磨要求的混凝土,其强度等级应不低于 C35,或者采用真空作业,以提高其耐磨性

D. 发生碱骨料反应的必要条件包括骨料中含有活性成分、混凝土中含碱量较高和有水分

39. 砂的粗细程度常用细度模数 F. M 表示,某水利工程用砂细度模数为 2.7,则其属于(　　)。

A. 特粗砂　　B. 粗砂　　C. 中砂　　D. 细砂

40. 砂的级配常用各筛上累计筛余百分率来表示,对于细度模数为 3.7 ~1.6 的砂,按(　　)筛孔的筛上累计筛余百分率分为 1 区、2 区和 3 区。

A. 2.5 mm　　B. 1.25 mm　　C. 0.63 mm　　D. 0.315 mm

41. 我国水工混凝土工程多按(　　)状态的砂、石来设计混凝土配合比。

A. 饱和面干　　B. 干燥　　C. 气干　　D. 湿润

42. 某混凝土强度等级为 C25,其所用细骨料中含泥量宜小于(　　)。

A. 1%　　B. 3%　　C. 5%　　D. 8%

43. 下列关于粗骨料说法错误的是(　　)。

A. 粗骨料一般按粒径分为 4 级

B. 粗骨料的强度可用岩石立方体强度或压碎指标进行检验

C. 其他条件不变，粗骨料最大粒径增大可使水泥用量减少

D. 碎石拌制的混凝土和易性较好，但与水泥石的黏结力较小

44. 某粗骨料公称粒径为 35 mm，则其属于(　　)。

A. 特小石　B. 小石　C. 中石　D. 大石

45. 粗骨料的强度可用岩石立方体强度或压碎指标两种方法进行检验，其中压碎指标是取粒径为 10 ~ 20 mm 的骨料装入规定的圆模内，在压力机上加荷载(　　)，其压碎的细粒小于(　　)占试样的质量百分数。

A. 200 kN　2.5 mm　B. 200 kN　1.25 mm

C. 100 kN　2.5 mm　D. 100 kN　1.25 mm

46. 设计龄期强度等级为 20 MPa 的混凝土，其粗骨料叶片状颗粒含量应(　　)。

A. ≤3%　B. ≤5%　C. ≤15%　D. ≤25%

47. 钢筋混凝土拌和用水中，Cl^- 的含量应(　　) mg/L。

A. ≤1 200　B. ≤1 500　C. ≤2 700　D. ≤3 500

48. 混凝土拌制过程中可掺入不超过水泥质量 5% 的外加剂，下列(　　)外加剂可调节凝土凝结硬化性能。

A. 泵送剂　B. 缓凝剂　C. 膨胀剂　D. 速凝剂

E. 早强剂

49. 水工混凝土配合比设计参数包括(　　)等。

A. 水灰比　B. 水砂比　C. 砂率　D. 最佳砂率

E. 单位用水量

50. 某水库工程混凝土面板堆石坝中单位体积混凝土配合比部分参数包括：水泥 249 kg、砂 760 kg，小石 610 kg、大石 630 kg，则该混凝土砂率为(　　)。

A. 34%　B. 38%　C. 51%　D. 61%

51. 碾压混凝土拌和物工作性包括工作度、可塑性、易密性及稳定性几个方面，(　　)是指混凝土拌和物的干硬程度。

A. 工作度　B. 可塑性　C. 易密性　D. 稳定性

52. 碾压混凝土拌和物的工作度是指混凝土拌和物的干硬程度，用 *VC* 值表示，下列关于 *VC* 值说法错误的是(　　)。

A. 若其他条件不变，*VC* 值随水胶比的增大而降低

B. 在水胶比不变的情况下，随单位用水量的增大，拌和物 *VC* 值降低

C. 在水胶比和单位用水量不变的情况下，随着砂率增大，*VC* 值减小

D. 用碎石代替卵石将使拌和物的 *VC* 值增大

53. 碾压混凝土的早期强度较低，后期强度发展较快，工程中碾压混凝土强度设计龄期都不短于(　　)。

A. 180 d　B. 90 d　C. 28 d　D. 7 d

54. 配制高性能混凝土的水泥一般选用 R 型硅酸盐水泥或普通硅酸盐水泥，强度等级不低于(　　)级。

A. 62.5　B. 52.5　C. 42.5　D. 32.5

55. 水下不分散混凝土的浇筑主要用(　　)。

A. 开底容器法　B. 装袋叠层法　C. 倾注法　D. 泵压法

E. 导管法

56. (　　)是一种水泥用量较低,并掺加较多的膨润土、黏土等材料的大流动性混凝土,它具有低强度、低弹模和大应变等特性,在水利工程中常见于防渗墙等结构中。

A. 水下浇筑混凝土　B. 纤维混凝土

C. 硅粉混凝土　D. 塑性混凝土

57. 混合砂浆的强度等级大于或等于 M5 时,砂的含泥量(　　)。

A. ≤5%　B. ≤10%　C. ≤15%　D. ≤20%

58. 混凝土砂浆和易性指标包括(　　)。

A. 流动性　B. 黏聚性　C. 保水性　D. 凝结时间

E. 变形性

59. 普通混凝土小型空心砌块按其尺寸偏差及外观质量分为(　　)。

A. 一等品(B)、合格品(C)　B. 优等品(A)、合格品(C)

C. 优等品(A)、一等品(B)　D. 优等品(A)、一等品(B)及合格品(C)

60. 粉煤灰硅酸盐中型砌块按(　　)划分质量等级。

A. 尺寸偏差　B. 表观密度　C. 干缩性　D. 外观质量

E. 强度

61. 烧结普通砖常以吸水率及其导出的饱和系数作为评定烧结普通砖耐久性的重要指标,其中饱和系数是指水浸(　　)的吸水率与沸煮(　　)的吸水率的比值。

A. 24 h、5 h　B. 5 h、24 h　C. 48 h、12 h　D. 12 h、48 h

62. (　　)呈灰色,遇水即自行软化,不宜用于水工建筑物。

A. 花岗岩　B. 玄武岩　C. 石灰岩　D. 黏土质砂岩

63. (　　)弹性和适应变形的能力很强,能适用于不同的施工条件和工作应力,具有突出的防渗和防水性能。

A. 土工织物　B. 土工膜　C. 土工特种材料　D. 土工复合材料

64. 根据《土工合成材料应用技术规范》(GB/T 50290—2014),下列属于土工特种材料的有(　　)。

A. 复合土工膜　B. 土工网　C. 土工合成材料　D. 土工复合材料

E. 土工膜袋

65. (　　)是将浆液灌入岩体或土层的裂隙、孔隙,形成连续的阻水帷幕,以减小渗流量和降低渗透压力的灌浆工程。

A. 帷幕灌浆　B. 固结灌浆　C. 接缝灌浆　D. 回填灌浆

66. 下列关于土石坝防渗土料要求说法错误的有(　　)。

A. 渗透性低　B. 较低的抗剪强度　C. 压缩性大　D. 具有一定的塑性

E. 良好的抗冲蚀能力

67. 下列关于土石坝土料说法错误的是(　　)。

A. 心墙用土料具有防渗性能，渗透系数 k 不大于 10^{-4} cm/s

B. 防渗土料适宜选用塑性指数为 17～20 的黏土

C. 黏粒含量大于 40% 的黏土易干裂且难压实，最好不用

D. 坝壳材料对杂质含量要求低于防渗体

68. 土石坝中最大粒径不宜大于 150 mm 或铺土厚的(　　)，0.075 mm 以下的颗粒含量不应小于(　　)。

A. 2/3　10%　　B. 2/3　15%　　C. 1/2　10%　　D. 1/2　15%

69. 混凝土面板堆石板中，堆石料原岩冻融质量损失率小于(　　)。

A. 2%　　B. 1.5%　　C. 1%　　D. 0.5%

70. 黄砂主要作为细骨料，外观体积随着黄砂的湿度变化而变化，当黄砂的含水率为(　　)时，砂堆的体积最大。

A. 干松状态　　B. 6%　　C. 10%　　D. 17%

71. 面板堆石坝中，(　　)对垫层料应具有反滤保护作用。采用连续级配，最大粒径宜为 300 mm。压实后应具有低压缩性和高抗剪强度，并具有自由排水性。

A. 主堆石体　　B. 次堆石体　　C. 面板　　D. 过渡料

72. 下列关于沥青材料说法错误的是(　　)。

A. 沥青在常温下呈现固体、半固体或液体状态

B. 沥青是水硬性胶凝材料

C. 沥青主要用作防潮、防水、防腐蚀材料

D. 沥青按获得方式分类可分为地沥青和焦油沥青

73. 石油沥青的主要组分包括(　　)。

A. 油分　　B. 石蜡　　C. 树脂　　D. 石膏

E. 地沥青质

74. 下列关于沥青说法错误的是(　　)。

A. 石油组成成分中，树脂最轻组分，赋予沥青流动性

B. 半固体或固体石油沥青的黏滞性用针入度指标表示

C. 用延度指标表示石油沥青塑性，延度愈大，沥青塑性愈好

D. 软化点表示沥青由固态转变为具有一定流动性膏体的温度，软化点越高，沥青耐热性越好，温度稳定性越好

75. 石油沥青的大气稳定性以(　　)评定。

A. 黏滞度　　B. 蒸发损失百分率

C. 针入度　　D. 软化点

E. 蒸发后针入度比

76. SBS 改性沥青防水卷材广泛适用于各类建筑防水、防潮工程，尤其适用于寒冷地区和结构变形频繁的建筑物防水，并可采用(　　)施工。

A. 冷粘法　　B. 热粘法　　C. 热熔法　　D. 自粘法

77. 为保证防水密封的效果，建筑密封材料应具有(　　)。

A. 高水密性　　B. 气密性　　C. 耐高低温性　　D. 隔热性

E. 良好的黏结性

78. 同厚度的岩棉板、保温砂浆、实心砖、钢筋混凝土的保温效果排序正确的是(　　)。

A. 岩棉板 > 保温砂浆 > 实心砖 > 钢筋混凝土

B. 钢筋混凝土 > 岩棉板 > 实心砖 > 保温砂浆

C. 保温砂浆 > 岩棉板 > 实心砖 > 钢筋混凝土

D. 实心砖 > 岩棉板 > 保温砂浆 > 钢筋混凝土

79. 下列属于多孔状绝热材料的有(　　)。

A. 矿物棉　B. 玻化微珠　C. 轻质混凝土　D. 泡沫玻璃

E. 植物纤维类绝热板

80. 聚氨酯泡沫塑料用作保温隔热材料时,其最高使用温度约为(　　)度。

A. 50　B. 70　C. 100　D. 120

历年真题练习

【2019-7】 在天然砂料作为混凝土细骨料的质量技术指标中,含泥量宜小于(　　)。

A. 1%　B. 3%　C. 5%　D. 8%

【2019-8】 碱性岩石制作的骨料与沥青黏附性能好,且有比较成熟的工程经验,因此水利工程多采用(　　)制作沥青混凝土骨料。

A. 玄武岩　B. 花岗岩　C. 片麻岩　D. 石灰岩

【2019-9】 按细度模数的大小,普通混凝土用砂宜选用细度模数为(　　)的中砂。

A. 0.7 ~ 3.7　B. 2.3 ~ 3.0　C. 2.2 ~ 3.7　D. 1.6 ~ 3.0

【2019-10】 在大体积混凝土设计中,选择三、四级配混凝土的目的是(　　)。

A. 提高混凝土耐久性　B. 改善混凝土和易性

C. 减少水泥用量　D. 减少骨料用量

【2019-11】 聚苯乙烯泡沫塑料用作保温隔热材料时,其最高使用温度约为(　　)度。

A. 50　B. 70　C. 100　D. 120

【2019-12】 水泥强度等级 42.5R 中的"R"表示该水泥为(　　)。

A. 早强型　B. 低热型　C. 快凝型　D. 快硬型

【2019-13】 碳素结构钢(　　)具有较高的强度和良好的塑性、韧性,广泛地应用于建筑结构中。

A. Q195　B. Q215　C. Q235　D. Q275

【2019-14】 土工合成材料耐久性不包含(　　)。

A. 抗紫外线能力　B. 生物稳定性　C. 蠕变性　D. 渗透性

【2019-39】 在混凝土配合比中,三级配混凝土粗骨料最大粒径为(　　)。

A. 40　B. 80　C. 120　D. 150

【2019-63】 试验测得一土料场以下数据,符合均质土坝填筑料质量要求的

有(　　)。

A. 黏粒含量20%　　B. 塑性指数11

C. 击实后渗透系数 5×10^{-5} cm/s　　D. 水溶盐含量3%

E. 天然含水率高于最优含水率3.8%

【2019-64】 硅酸盐水泥的技术性质指标有(　　)。

A. 细度　　B. 黏聚性　　C. 安定性　　D. 强度等级

E. 保水性

【2019-65】 建筑材料按材料的化学成分可分为(　　)。

A. 无机材料　　B. 有机材料　　C. 金属材料　　D. 高分子材料

E. 复合材料

【2019-66】 钢材性能包括力学性能和工艺性能,下列属于工艺性能的有(　　)。

A. 冷弯性能　　B. 冲击性能　　C. 抗疲劳性能　　D. 焊接性能

E. 耐疲劳性能

参考答案

1. A。本题考核建筑材料的分类。参见教材 P61。
2. B。本题考核胶凝材料的分类。参见教材 P62。
3. ABCD。本题考核水泥的分类。参见教材 P62。
4. C。本题考核水泥矿物含量的主要特征。参见教材 P62。
5. ACE。本题考核硅酸盐水泥的技术性质。参见教材 P63。
6. B。本题考核硅酸盐水泥的强度等级。参见教材 P63。
7. BDE。本题考核混合材料的分类。参见教材 P64。
8. A。本题考核粉煤灰的性质和应用。参见教材 P64。
9. D。本题考核混合水泥的应用。参见教材 P67。
10. C。本题考核混合水泥的代号。参见教材 P67。
11. C。本题考核混合水泥的包装及标志。参见教材 P67。
12. C。本题考核碳素结构钢的牌号和性能。参见教材 P70。
13. B。本题考核优质碳素结构钢的有害物含量。参见教材 P70。
14. A。本题考核普通低合金钢钢号表示方法。参见教材 P71。
15. A。本题考核钢筋符号含义。参见教材 P71。
16. D。本题考核钢筋混凝土结构用钢牌号。参见教材 P72。
17. BCE。本题考核钢筋的用途。参见教材 P72。
18. D。本题考核钢板的分类。参见教材 P73。
19. ACD。本题考核钢材性能的分类。参见教材 P73。
20. BDE。本题考核钢材的性能。参见教材 P73 ~75。
21. A。本题考核钢材的应力—应变图。参见教材 P74。
22. BE。本题考核木材的物理性质和力学性质。参见教材 P76。
23. A。本题考核柴油的技术指标。参见教材 P78。

24. B。本题考核柴油的适用。参见教材 P78。
25. C。本题考核炸药的分类。参见教材 P79。
26. ACE。本题考核炸药的性能指标。参见教材 P79。
27. A。本题考核炸药的性能指标。参见教材 P79。
28. C。本题考核混凝土组成材料的作用。参见教材 P81。
29. ABDE。本题考核混凝土的基本要求。参见教材 P81。
30. ABDE。本题考核混凝土的主要技术性质。参见教材 P82。
31. D。本题考核混凝土的和易性指标。参见教材 P82。
32. D。本题考核混凝土拌和物凝结时间测定。参见教材 P82。
33. B。本题考核混凝土抗压强度。参见教材 P83。
34. C。本题考核大体积混凝土强度标准。参见教材 P83。
35. B。本题考核混凝土抗压强度与抗拉强度之间的关系。参见教材 P84。
36. B。本题考核混凝土的抗渗性。参见教材 P84。
37. D。本题考核混凝土抗冻性测试。参见教材 P84。
38. B。本题考核混凝土的耐久性。参见教材 P84。
39. C。本题考核砂的细度模数。参见教材 P86。
40. C。本题考核砂的级配。参见教材 P86。
41. A。本题考核砂的含水状态。参见教材 P87。
42. C。本题考核细骨料的品质要求。参见教材 P88。
43. D。本题考核粗骨料的分类及特点。参见教材 P88。
44. C。本题考核粗骨料颗粒级配。参见教材 P89。
45. A。本题考核粗骨料的强度。参见教材 P90。
46. D。本题考核粗骨料的品质要求。参见教材 P90。
47. A。本题考核混凝土拌和用水品质要求。参见教材 P91。
48. BDE。本题考核混凝土外加剂的作用。参见教材 P92。
49. ACE。本题考核混凝土配合比参数。参加教材 P92。
50. B。本题考核砂率的计算。参见教材 P92。
砂率 = (砂:760)/(砂 + 石:760 + 610 + 630) = 38%。
51. A。本题考核碾压混凝土的工作性。参见教材 P94。
52. C。本题考核碾压混凝土 *VC* 值的影响因素。参见教材 P95。
53. B。本题考核碾压混凝土的特性。参见教材 P95。
54. C。本题考核高性能混凝土用水泥。参见教材 P96。
55. ADE。本题考核水下混凝土浇筑方法。参见教材 P96。
56. D。本题考核特种混凝土的特性及应用。参见教材 P98。
57. A。本题考核混合砂浆中砂的含泥量。参见教材 P98。
58. AC。本题考核混凝土砌筑砂浆性质。参见教材 P99。
59. D。本题考核建筑砌块的质量等级。参见教材 P101。
60. ACD。本题考核建筑砌块质量分级指标。参见教材 P101。

61. A。本题考核烧结普通砖的基本特征。参见教材 P102。
62. D。本题考核岩石的工程应用。参见教材 P103。
63. B。本题考核土工合成材料的特性。参见教材 P104。
64. BE。本题考核土工合成材料的分类。参见教材 P104。
65. A。本题考核灌浆的目的。参见教材 P106。
66. BC。本题考核防渗土料的要求。参见教材 P107。
67. A。本题考核土石坝所用土料。参见教材 P107。
68. B。本题考核土石坝材料要求。参见教材 P107。
69. C。本题考核堆石料原岩质量技术指标。参见教材 P109。
70. B。本题考核黄砂含水率与体积的关系。参见教材 P109。
71. D。本题考核面板堆石板分区作用。参见教材 P109。
72. B。本题考核沥青材料分类及应用。参见教材 P111 ~112。
73. ACE。本题考核沥青的组分。参见教材 P112。
74. A。本题考核沥青的组分和性质。参见教材 P113。
75. BE。本题考核沥青的大气稳定性。参见教材 P113。
76. C。本题考核防水卷材的施工方法。参见教材 P114。
77. ABCE。本题考核建筑密封材料性能要求。参见教材 P116。
78. A。本题考核不同材料的保温性能。参见教材 P118。
79. CD。本题考核保温隔热材料的分类。参见教材 P119。
80. D。本题考核泡沫塑料的使用温度。参见教材 P120。

【2019-7】 B。参见教材 P88。
【2019-8】 D。粗骨料以石灰石、白云石等碱性碎石为宜。
【2019-9】 B。参见教材 P86。
【2019-10】 C。参见教材 P89。
【2019-11】 B。参见教材 P120。
【2019-12】 A。参见教材 P68。
【2019-13】 C。参见教材 P70。
【2019-14】 C。参见教材 P104。
【2019-39】 B。参见教材 P89。
【2019-63】 ABCD。参见教材 P107 和《水利水电工程天然建筑材料勘察规程》(SL 251—2015)。
【2019-64】 ACD。参见教材 P63。
【2019-65】 ABE。参见教材 P61。
【2019-66】 AD。参见教材 P73。

第三章 水工建筑物

第一节 水工建筑物概述

核心考点点拨

【考点01】 水工建筑物的定义

【考点02】 水工建筑物的分类及作用

【考点03】 水工建筑物的特点

典型习题

1.( )的建筑物是实现各项水利工程目标的重要组成部分。

A.控制水流 B.调节水流 C.节约水资源 D.防治水害

E.开发利用水资源

2.( )指拦截或约束水流,并可承受一定水头作用的建筑物。

A.挡水建筑物 B.泄水建筑物 C.输水建筑物 D.取水建筑物

3.下列水工建筑物中属于水电站特有的是( )。

A.引水隧洞 B.调压室 C.尾水道 D.鱼道

E.水电站升压开关站

4.下列水工建筑物属于主要建筑物的是( )。

A.施工围堰 B.挡土墙 C.工作桥 D.引水建筑物

5.与一般土木建筑物相比,水工建筑物具有( )。

A.较强的系统性和综合性,一般对自然和社会的影响较小

B.工作条件复杂、施工周期长、技术难度大

C.设计选型可以重复使用

D.施工建造的艰巨性

E.失事后果的严重性

历年真题练习

【2019-67】 挡水建筑物的功能是拦截江河、涌高水位,形成水库或约束水流,下列属于挡水建筑物的有( )。

A.溢流坝 B.顺坝 C.施工围堰 D.堤防

E.挡潮闸

参考答案

1. ABDE。本题考核水利工程的定义。参见教材 P121。

2. A。本题考核水工建筑物的作用。参见教材 P121。

3. BCE。本题考核水工建筑物按工程分类。参见教材 P123。

4. D。本题考核水工建筑物按使用期限分类。参见教材 P123。

5. BDE。本题考核水工建筑物的特点。参见教材 P123。

【2019-67】 CD。参见教材 P121。

第二节　工程等别及水工建筑物级别

核心考点点拨

【考点 01】 水利水电工程的分等指标

【考点 02】 水工建筑物的级别划分

（一）水工建筑物级别划分的一般规定。

（二）水库及水电站工程永久性水工建筑物的级别。

（三）拦河闸永久性水工建筑物的级别。

（四）防洪工程永久性水工建筑物的级别。

（五）泵站工程永久性水工建筑物的级别。

（六）供水工程永久性水工建筑物的级别。

典型习题

1. 根据《水利水电工程等级划分及洪水标准》（SL 252—2017），某水库设计灌溉面积为 98 万亩，则此水库的工程等别至少应为（　　）等。

A. Ⅱ　　B. Ⅲ　　C. Ⅳ　　D. Ⅴ

2. 下列关于水利水电工程分等指标说法错误的是（　　）。

A. 水利枢纽按工程规模、效益及在国民经济中的重要性分等

B. 水库总库容是指设计洪水位以下的静库容

C. 防洪、供水中的多项指标满足 1 项即可

D. 指标分属几个不同等别时，整个枢纽的等别应以其中的最高等别为准

3. 当永久性水工建筑物（　　），对 2 ~ 5 级建筑物可提高一级设计，但洪水标准不予提高。

A. 采用新工艺　　B. 采用新型结构

C. 采用新技术　　D. 采用新材料

E. 基础的工程地质条件特别复杂

4. 某水库治涝面积为 15 万亩，则该水库工程中主要建筑物、次要建筑物的级别分别为（　　）。

A. 2、3　　B. 2、4　　C. 3、4　　D. 3、3

5. 根据《水利水电工程等级划分及洪水标准》(SL 252—2017),某混凝土坝级别为3级,当坝高超过(　　)时级别可提高一级。

A. 100 m　　B. 90 m　　C. 80 m　　D. 70 m

6. 某水电站厂房永久性水工建筑物所在工程等别为Ⅲ等,该厂房发电装机容量为40×10^4 kW,不承担挡水任务,失事后不影响挡水建筑物安全,则其主要建筑物级别为(　　)。

A. 1　　B. 2　　C. 3　　D. 4

7. 某拦河水闸所在工程等别为Ⅱ等,其校核洪水过闸流量为5 500 m^3/s,则其最高级别可为(　　)。

A. 1　　B. 2　　C. 3　　D. 4

8. 蓄滞洪区安全区的堤防永久性水工建筑物级别宜为2级,对于安置人口大于(　　)的安置区,经论证后堤防永久性水工建筑物级别可提高一级。

A. 1万　　B. 5万　　C. 10万　　D. 100万

9. 某灌溉泵站装机功率1 000 kW,装机流量为150 m^3/s,则该泵站中次要建筑物级别为(　　)。

A. 2级　　B. 3级　　C. 4级　　D. 5级

10. 供水工程中的泵站永久性水工建筑物级别,应根据(　　)确定。

A. 设计流量　　B. 装机功率

C. 灌溉面积　　D. 设计流量及装机功率

历年真题练习

【2019-15】 水利水电工程永久性水工建筑物级别,根据工程等别或永久性水工建筑物的分级指标,划分为(　　)级。

A. 六　　B. 五　　C. 四　　D. 三

【2019-23】 根据《水利水电工程等级划分及洪水标准》(SL 252—2017),某土石坝级别为2级,当坝高超过(　　)时,其级别可提高一级。

A. 70 m　　B. 80 m　　C. 90 m　　D. 100 m

【2019-24】 防洪工程保护对象的防洪标准为50年一遇,其堤防永久性水工建筑物的级别为(　　)。

A. 1级　　B. 2级　　C. 3级　　D. 4级

【2019-68】 以下(　　)永久性水工建筑物,经论证后建筑物级别可提高一级,但洪水标准不予提高。

A. 高填方渠道　　B. 高边坡挡土墙

C. 大跨度或高排架渡槽　　D. 高水头倒虹吸

E. 软基上的消力池

参考答案

1. A。本题考核水利水电工程的分等指标。参见教材P125。

2. B。本题考核水利水电工程分等指标应用。参见教材 P125。
3. BE。本题考核水工建筑物等别划分的一般规定。参见教材 P125。
4. C。本题考核永久性水工建筑物的级别。参见教材 P126。
5. A。本题考核水库大坝提级指标。参见教材 P126。
6. B。本题考核水电站厂房建筑物级别的确定。参见教材 P126。
7. A。本题考核拦河水闸永久性建筑物级别的确定。参见教材 P126。
8. C。本题考核防洪工程永久性水工建筑物的提级指标。参见教材 P127。
9. B。本题考核泵站永久性水工建筑物级别的确定。参见教材 P127。
10. D。本题考核供水工程永久性水工建筑物级别确定的依据。参见教材 P127。

【2019-15】 B。参见教材 P126。
【2019-23】 C。参见教材 P126。
【2019-24】 B。参见教材 P127。
【2019-68】 ACD。参见教材 P125。

第三节 枢纽工程建筑物分类及基本型式

核心考点点拨

一、重力坝

【考点 01】 重力坝的基本原理及特点
【考点 02】 重力坝的材料、分区及温度裂缝
(一)重力坝材料性能要求。
(二)重力坝分区及功能要求。
(三)坝体混凝土温度变化及防止温度裂缝措施。
【考点 03】 重力坝的基本构造
(一)坝体分缝的类型及作用。
(二)坝体排水及坝内廊道的作用。
【考点 04】 碾压混凝土重力坝
(一)碾压混凝土的原材料要求。
(二)碾压混凝土的特点。

二、土石坝

【考点 01】 土石坝的工作条件
【考点 02】 碾压土石坝的类型
【考点 03】 土石坝的基本构造
(一)土质防渗体。
(二)反滤层的作用及类型。

(三)排水设施的作用和类型。

(四)坝面防护的作用。

【考点04】 混凝土面板堆石坝的分区及作用

三、拱坝

【考点01】 拱坝的基本原理及特点

【考点02】 拱坝的分类

【考点03】 拱坝材料及坝体分缝

【考点04】 拱坝地基处理措施

四、溢洪道工程

【考点01】 溢洪道工程的分类

五、水工隧洞工程

【考点01】 隧洞类型的划分

【考点02】 隧洞主要建筑物类型及作用

六、水电站厂房

【考点01】 水电站厂房的分类

【考点02】 厂房的组成及作用

七、通航建筑物及鱼道

【考点01】 船闸组成及船闸分级

【考点02】 升船机的分类及分级指标

典型习题

1. 重力坝的剖面较大,一般做成上游坝面近于垂直的三角形剖面,且(　　)坝轴线方向常设有(　　)伸缩缝。

A. 垂直、永久　　B. 垂直、临时　　C. 平行、永久　　D. 平行、临时

2. 下列重力坝与其他坝型相比说法正确的有(　　)。

A. 重力坝断面尺寸大,安全可靠

B. 对地形、地质条件适应性较好,对地基要求高于拱坝

C. 坝体与地基的接触面积较大,受扬压力的影响也大

D. 剖面尺寸较大,因此材料的强度不能充分发挥

E. 水泥用量少,温控要求低

3. 重力坝以28 d龄期的强度,作为早期强度的控制,其抗压强度不得低于(　　)。

A. 2.5 MPa　　B. 5 MPa　　C. 7.5 MPa　　D. 10 MPa

4. 下列关于重力坝材料的说法错误的是(　　)。

A. 建造重力坝的混凝土，应有足够的强度和耐久性

B. 坝体混凝土抗压设计龄期一般采用28 d龄期

C. 混凝土抗磨性以抗冲磨强度或损失率表示，其中抗冲磨强度指每平方米试件表面被磨损1 kg所需小时数

D. 大坝混凝土应具有低热性。可采用发热量较低的水泥，如大坝水泥、矿渣水泥等，并尽量减少水泥用量

5. 右图坝体分区中，Ⅴ区混凝土应考虑抗裂和(　　)等因素。

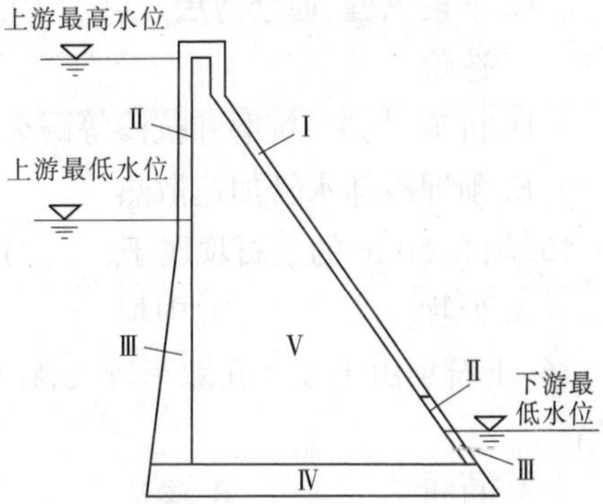

A. 抗渗　　B. 抗侵蚀

C. 抗冲刷　　D. 低热

6. 重力坝坝体混凝土的(　　)是温度控制的重要依据。

A. 入仓温度

B. 上升期的平均温度

C. 上升期最高温度

D. 边界上各点年平均温度

7. 温度裂缝包括贯穿性裂缝和表面裂缝，对坝危害性较大，下列属于温度控制措施的有(　　)。

A. 加速混凝土散热　　B. 提高混凝土抗压强度

C. 降低混凝土入仓温度　　D. 采用中高热水泥减少混凝土发热量

E. 进行混凝土表面防护

8. 如右图所示，混凝土重力坝分缝分块属于(　　)分块。

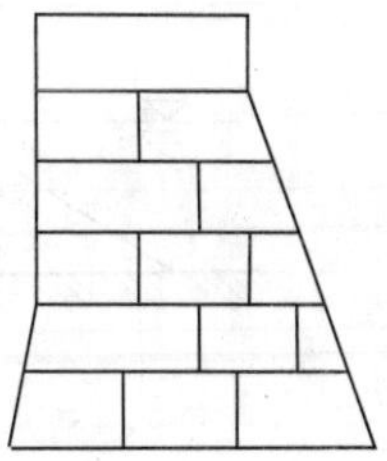

A. 错缝　　B. 竖缝

C. 平缝　　D. 通仓

9. 横缝中的止水设备必须与坝基妥善连接，止水片的下端应伸入基岩(　　)，并用混凝土紧密嵌固。

A. 10～30 cm　　B. 30～50 cm

C. 50～70 cm　　D. 70～90 cm

10. 混凝土坝体分缝中，(　　)需要灌浆处理。

A. 重力坝横缝　　B. 拱坝横缝　　C. 竖缝　　D. 错缝

E. 斜缝

11. 坝体排水中，排水管至上游坝面的距离为水头的1/25～1/15，且不小于(　　)。

A. 0.5 m　　B. 1 m　　C. 1.5 m　　D. 2 m

12. 重力坝的基础灌浆廊道应设置在(　　)。

A. 坝体纵向轴线处　　B. 下游坝踵处

C. 上游坝踵处　　D. 坝体横向中心线处

13. 碾压混凝土的铺筑仓面面积大,为了提高混凝土拌和物的和易性,推迟初凝时间,防止产生冷缝,一般必须使用(　　)。

A. 缓凝型减水剂　B. 缓凝剂　C. 减水剂　D. 速凝剂

14. 下列关于碾压混凝土特点说法错误的有(　　)。

A. 单位体积胶凝材料用量少,可以减少水化热温升

B. 单位体积用水量多

C. 不设纵缝、通仓薄层、连续均匀铺筑,节省接缝灌浆和模板等工程量,降低工程造价

D. 抗冻、抗冲、抗磨和抗渗等耐久性能比常态混凝土差

E. 预埋冷却水管加速散热

15. 坝高 50 m 的土石坝属于(　　)。

A. 低坝　B. 中坝　C. 高坝　D. 超高坝

16. 土石坝由于坝体孔隙率较大,在(　　)作用下,坝体和坝基因压缩产生一定量的沉陷。

A. 自重　B. 渗流　C. 外荷载　D. 降雨

E. 夏季高温

17. 下图属于均质坝的是(　　)。

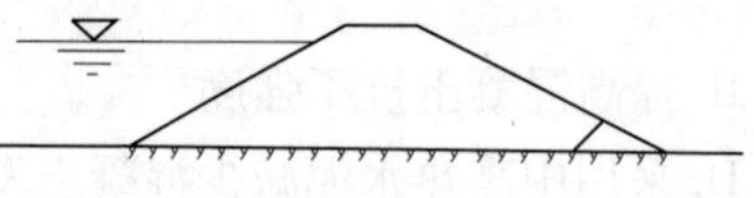

A

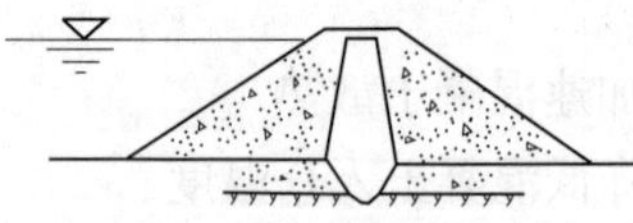

B

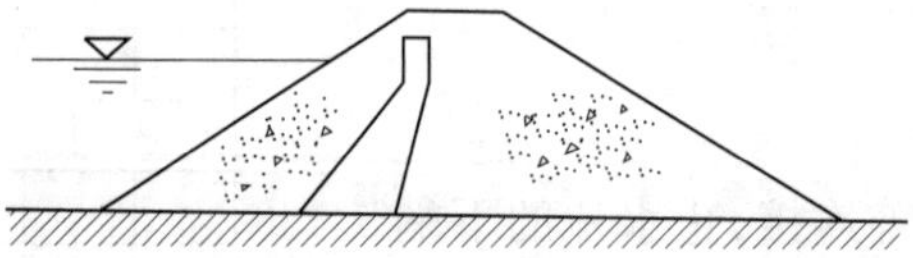

C

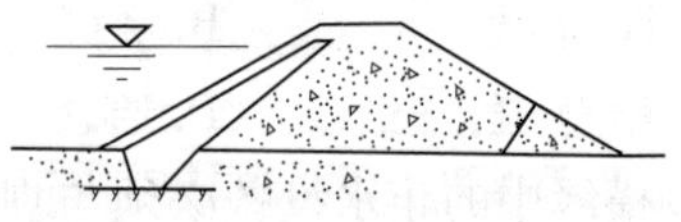

D

18. 土坝防渗设施的主要作用有(　　)。

A. 降低浸润线　B. 减少通过坝体的渗流量

C. 增加上游坝坡的稳定性　D. 减少通过坝基的渗流量

E. 增大渗透坡降

19. 下列关于土石坝防渗体说法错误的是(　　)。

A. 心墙顶部高程应高于正常运用情况下的静水位 0.3 ~0.6 m

B. 心墙自下而上逐渐加厚,顶部厚度按构造和施工要求常不小于 2.0 m

C. 顶部设砂性土保护层,按冰冻深度确定,不小于 1.0 m

D. 心墙与上下游坝体间应设置反滤层,以起反滤和排水作用

20. 下图所示黏土斜墙坝构造中，Ⓑ属于(　　)。

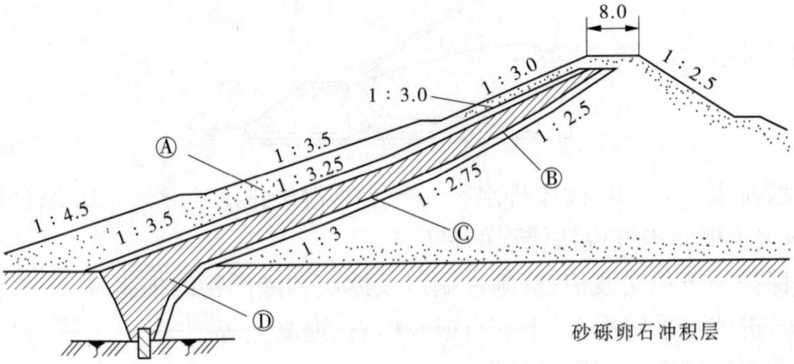

A. 截水槽　B. 反滤层　C. 黏土斜墙　D. 保护层

21. (　　)可以克服心墙坝可能产生的拱效应和斜墙坝对变形敏感等问题。

A. 土质斜墙　B. 土质心墙　C. 反滤层　D. 土质斜心墙

22. 下列可以用作土石坝防渗体的有(　　)。

A. 复合土工膜　B. 黏性土　C. 土工织物　D. 砂砾石

E. 沥青混凝土

23. 土石坝反滤层的作用是(　　)，防止土工建筑物在渗流逸出处遭受管涌、流土等渗流变形的破坏以及不同土层界面处的接触冲刷。

A. 调节坝体变形　B. 滤土排水　C. 防渗　D. 排水

24. 下列关于反滤层说法错误的有(　　)。

A. 过渡层可起反滤层作用，反滤层不一定能满足过渡要求

B. Ⅰ型反滤层位于被保护土的下部，渗流方向主要由上向下

C. 心墙、减压井、竖式排水等的反滤层属于过渡型

D. Ⅱ型反滤，渗流方向主要由下向上

E. Ⅱ型反滤要承受被保护土层自重和渗流压力双重作用

25. 土石坝设置坝身排水的目的主要是(　　)。

A. 降低浸润线及孔隙压力，改变渗流方向，增加坝体稳定

B. 减少通过坝体和坝基的渗流量

C. 防止下游波浪对坝坡的冲刷及冻胀破坏

D. 防止渗流逸出处的渗透变形，保护坝坡和坝基

E. 保护上游坝坡

26. 下列关于土石坝坝体排水设施的说法，正确的有(　　)。

A. 贴坡排水可降低浸润线

B. 贴坡排水顶部应高于坝体浸润线的逸出点

C. 棱体排水可保护下游坝脚

D. 棱体排水不能降低浸润线

E. 设置排水设施目的是降低坝体浸润线及孔隙压力

27. 下图所示的排水设施型式属于(　　)。

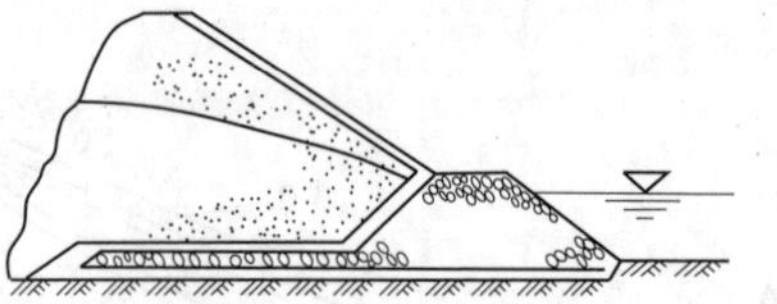

A. 贴坡排水　　B. 棱体排水　　C. 褥垫排水　　D. 综合排水

28. 下列关于坝面护坡说法错误的是(　　)。

A. 可保护坝坡免受波浪、降雨冲刷以及冰层和漂浮物的损害

B. 上游护坡可采用堆石、干砌石或浆砌石、混凝土等型式

C. 上游面护坡应由坝顶至最低水位

D. 下游面应自坝顶护至排水设备,无排水设备或采用褥垫式排水时则需护至坡脚

29. 为排除坝顶雨水,坝顶路面坡度宜采用(　　),当坝顶上游设防浪墙时,直线形横坡倾向下游。

A. 1% ~2%　　B. 2% ~3%　　C. 3% ~4%　　D. 4% ~5%

30. 与一般土石坝相比,下列关于混凝土面板堆石坝说法正确的有(　　)。

A. 具有良好的抗滑稳定性　　B. 具有很好的抗渗稳定性

C. 抗震性能较差

D. 防渗面板与堆石施工没有干扰,且不受雨季影响

E. 施工速度快,造价省,工期短

31. 混凝土面板堆石坝防渗系统包括(　　)。

A. L 形挡墙　　B. 钢筋混凝土面板　　C. 趾板　　D. 过渡层

E. 堆石坝体

32. 混凝土面板堆石坝坝体分区从迎水面到背水面依次是(　　)。

A. 过渡区、垫层区、主堆石区、次堆石料区

B. 垫层区、过渡区、主堆石区、次堆石料区

C. 垫层区、过渡区、次堆石料区、主堆石料区

D. 过渡区、垫层区、次堆石料区、主堆石料区

33. 混凝土面板堆石坝中,(　　)是混凝土面板堆石坝的主体部分,主要用来承受荷载,因而要求堆石体压缩性小,抗剪强度大,在外荷载作用下变形量小,且应具有一定的透水性。

A. 趾板　　B. 垫层　　C. 过渡区　　D. 堆石坝体

34. 拱坝是平面上凸向上游三向固定空间高次(　　)。

A. 超静定结构　　B. 瞬变结构　　C. 可变结构　　D. 静定结构

35. 某拱坝厚高比(坝底最大厚度 T 和最大坝高 H 的比值)为 0.3,则其属于(　　)。

A. 薄拱坝　　B. 中厚拱坝　　C. 重力拱坝　　D. 厚拱坝

36. 下列关于拱坝材料说法错误的是(　　)。

A. 高坝中内部混凝土 28 d 龄期强度等级不低于 C20

B. 坝体混凝土的水灰比应限制在 0.45 ~0.55

C. 在上游面应检验混凝土的抗渗性能

D. 坝体厚度小于 20 m 时,混凝土强度等级尽量不分区

37. 厚度大于(　　)的拱坝,可考虑设置纵缝,相邻坝体之间的纵缝应错开。

A. 30 m　　B. 40 m　　C. 50 m　　D. 60 m

38. 非常溢洪道的作用是宣泄超过设计标准的洪水,分为(　　)。

A. 正槽溢洪道　　B. 自溃式　　C. 侧槽溢洪道　　D. 爆破引溃式

E. 井式溢洪道

39. (　　)过堰水流方向与堰下泄槽纵轴线方向一致,是应用最普遍的形式。

A. 井式溢洪道　　B. 侧槽溢洪道　　C. 正槽溢洪道　　D. 虹吸溢洪道

40. 下列关于隧洞说法错误的是(　　)。

A. 按过水时洞身流态区别,水工隧洞分为有压隧洞和无压隧洞

B. 为保证隧洞既定流态稳定运行,无压隧洞设计时应做到使各运行工况沿线洞顶有一定的压力余幅

C. 水工隧洞主要建筑物包括进口段、洞身段、出口段

D. 内水压力较大的有压隧洞一般都用圆形断面

41. 下图所示的水工隧洞属于(　　)。

A. 无压隧洞　　B. 半无压隧洞　　C. 半有压隧洞　　D. 有压隧洞

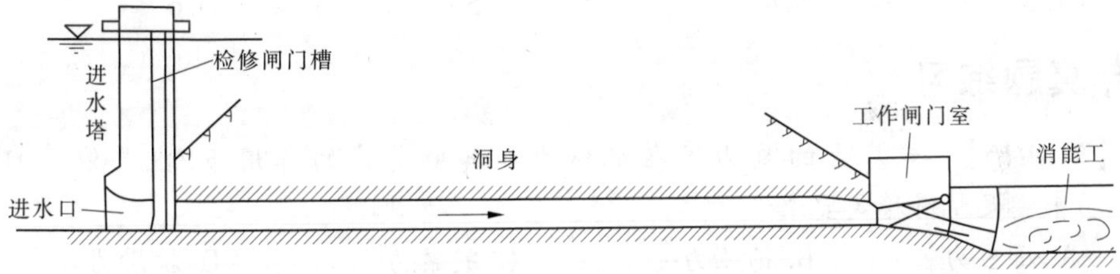

42. 水工隧洞由进口段、洞身段、出口段所组成,根据闸门的安装与操作途径,深孔进口包括(　　)。

A. 表孔堰流式　　B. 竖井式　　C. 塔式　　D. 岸塔式

E. 斜坡式

43. 水工隧洞中,无压隧洞多采用(　　)。

A. 城门洞形　　B. 圆形　　C. 梯形　　D. 矩形

44. 下列属于水工隧洞衬砌功能的有(　　)。

A. 降低内水压力　　B. 保证围岩稳定

C. 防止隧洞漏水

D. 防止水流、空气、温度和湿度变化等对围岩的破坏作用

E. 降低隧洞过水断面周界的糙率

45. 水工隧洞衬砌结构形式中,(　　)用混凝土、喷浆或砌石等做成的防渗、减糙而不承受荷载的衬砌,适用于岩石好和水头低的隧洞。

A. 单层衬砌　　B. 抹平衬砌　　C. 组合式衬砌　　D. 预应力衬砌

46. 水电站厂房按照(　　)分为坝后式厂房、河床式厂房、地下式厂房、岸边式厂房等。

A. 结构特征及布置　　B. 机组安装方式

C. 厂房上部结构　　D. 机组工作特点

47. 水电站厂房设备中电流系统是(　　)电气一次回路系统。

A. 控制　　B. 检修　　C. 发电　　D. 变电

E. 配电

48. 下列电站厂房中设备安装顺序正确的是(　　)。

A. 发电机层→水轮机层→蜗壳层→尾水管层

B. 尾水管层→蜗壳层→发电机层→水轮机层

C. 尾水管层→蜗壳层→水轮机层→发电机层

D. 蜗壳层→尾水管层→水轮机层→发电机层

49. 根据《内河通航标准》(GB 50139—2014),某船闸最大船舶吨级为1 000 t,则其属于(　　)级。

A. Ⅱ　　B. Ⅲ　　C. Ⅳ　　D. Ⅴ

50. 根据《升船机设计规范》(SL 660—2013),升船机按设计最大通航船吨位分为(　　)级。

A. 3　　B. 4　　C. 5　　D. 6

历年真题练习

【2019-16】 岩基上的重力坝在水压力和其他荷载的作用下,主要依靠自身的(　　)来满足抗滑稳定要求。

A. 压应力　　B. 扬压力　　C. 凝聚力　　D. 抗滑力

【2019-17】 混凝土坝体分区中,上下游最低水位以下坝体外部表面混凝土应考虑强度和(　　)。

A. 抗渗　　B. 抗侵蚀　　C. 低热　　D. 抗冲刷

【2019-18】 土石坝根据坝高可分为低坝、中坝和高坝,坝高超过(　　)的为高坝。

A. 30 m　　B. 50 m　　C. 70 m　　D. 90 m

【2019-19】 土质防渗体与坝壳料之间,根据需要与土料情况,可单设反滤层,也可同时设反滤层和(　　)。

A. 垫层　　B. 过渡层　　C. 排水层　　D. 防渗层

【2019-20】 拱坝坝体稳定主要依靠(　　)。

A. 坝体自重　　B. 基础及两岸凝聚力

C. 两岸拱端反力　　D. 两岸基础摩擦

【2019-21】 根据《内河通航标准》(GB 50139—2014),船闸级别按通航最大船舶吨级划分为(　　)级。

A. 五　　B. 六　　C. 七　　D. 八

【2019-25】 混凝土重力坝坝体布置应结合枢纽布置全面考虑,宜首先考虑(　　)

的布置。

A. 泄洪建筑物　B. 供水建筑物　C. 发电建筑物　D. 航运建筑物

【2019-28】 面板堆石坝坝体填筑时，对堆石区填筑料的质量、级配、压实标准等要求最高的是(　　)。

A. 垫层区　B. 过渡区　C. 主堆石区　D. 下游堆石区

【2019-70】 下列关于拱坝特点说法错误的有(　　)。

A. 拱坝将大部分的外荷载通过拱端传至两岸岩体，主要依靠两岸坝肩岩体维持稳定，坝体自重对坝体的稳定性影响不占主导作用

B. 拱坝利用拱梁的结构特点，充分发挥混凝土抗压强度，具有很强的适应性且对地基处理的要求相对不高，是一种相对经济的坝型

C. 拱坝坝体较薄，需设永久性伸缩缝，拱坝坝体周边通常固接于基岩上，温度变化、地基变化等对坝体影响较小

D. 拱坝坝身设置泄水孔口或坝顶设置溢流孔口会削弱水平拱和顶拱作用

E. 由于拱坝是整体性空间结构，因而其抗震能力较强

参考答案

1. A。本题考核重力坝的构造。参见教材 P128。
2. ACD。本题考核重力坝的特点。参见教材 P128。
3. C。本题考核重力坝的混凝土强度控制指标。参见教材 P131。
4. B。本题考核重力坝材料的要求。参见教材 P131。
5. D。本题考核重力坝混凝土分区及要求。参见教材 P133。
6. D。本题考核重力坝坝体混凝土温度变化。参见教材 P133。
7. ACE。本题考核混凝土温度控制措施。参见教材 P134。
8. A。本题考核重力坝的纵缝形式。参见教材 P134。
9. B。本题考核横缝止水构造。参见教材 P135。
10. BC。本题考核重力坝坝体分缝。参见教材 P135。
11. D。本题考核重力坝坝体排水。参见教材 P136。
12. C。本题考核重力坝坝内廊道位置。参见教材 P137。
13. A。本题考核碾压混凝土原材料。参见教材 P139。
14. BE。本题考核碾压混凝土的特点。参见教材 P139。
15. B。本题考核土石坝按坝高分类。参见教材 P139。
16. AC。本题考核土石坝的工作条件。参见教材 P140。
17. A。本题考核碾压式土石坝的类型。参见教材 P141。
18. ABD。本题考核土石坝防渗体的作用。参见教材 P142。
19. B。本题考核土质心墙的构造要求。参见教材 P142 ~ 143。
20. C。本题考核土质斜墙的构造。参见教材 P142。
21. D。本题考核土质斜心墙的优点。参见教材 P142。
22. ABE。本题考核土石坝防渗体。参见教材 P143。

23. B。本题考核反滤层的作用。参见教材 P145。
24. AE。本题考核反滤层的分类。参见教材 P145。
25. ACD。本题考核土石坝坝身排水的目的。参见教材 P145。
26. BCE。本题考核土石坝排水设施特点。参见教材 P145 ~ 146。
27. D。本题考核土石坝排水设施的型式。参见教材 P146。
28. C。本题考核土石坝护坡的设置。参见教材 P146。
29. B。本题考核土石坝坝顶构造。参见教材 P147。
30. ABDE。本题考核混凝土面板堆石坝的特点。参见教材 P147。
31. ABC。本题考核混凝土面板堆石坝的构造。参见教材 P148。
32. B。本题考核混凝土面板堆石坝分区。参见教材 P149。
33. D。本题考核混凝土面板堆石坝分区的作用。参见教材 P149。
34. A。本题考核拱坝的特点。参见教材 P150。
35. B。本题考核拱坝的分类。参见教材 P151。
36. A。本题考核拱坝的材料要求。参见教材 P152。
37. B。本题考核拱坝分缝要求。参见教材 P152。
38. BD。本题考核溢洪道的分类。参见教材 P154。
39. C。本题考核溢洪道的区别。参见教材 P154。
40. B。本题考核水工隧洞的分类及特点。参见教材 P157。
41. D。本题考核水工隧洞的总体布置。参见教材 P158。
42. BCDE。本题考核隧洞进口建筑物的分类。参见教材 P158。
43. A。本题考核水工隧洞的断面形式。参见教材 P162。
44. BCDE。本题考核隧洞衬砌的功能。参见教材 P162。
45. B。本题考核隧洞衬砌的形式及特点。参见教材 P162。
46. A。本题考核水电站厂房的分类。参见教材 P166。
47. CDE。本题考核电站厂房设备的作用。参见教材 P168。
48. C。本题考核电站厂房的结构组成。参见教材 P169。
49. B。本题考核船闸分级。参见教材 P171。
50. D。本题考核升船机分级。参见教材 P173。

【2019-16】 C。参见教材 P128。
【2019-17】 A。参见教材 P132。
【2019-18】 C。参见教材 P139。
【2019-19】 B。参见教材 P145。
【2019-20】 C。参见教材 P150。
【2019-21】 C。参见教材 P169。
【2019-25】 A。参见《混凝土重力坝设计规范》(SL 319—2018)。
【2019-28】 A。参见《混凝土面板堆石坝施工规范》(SL 49—2015)。
【2019-70】 BC。参见教材 P150 ~ 151。

第四节　引水工程建筑物分类及基本型式

核心考点点拨

【考点01】　渠道断面形态

【考点02】　管道

(一)管道材料要求及类型;

(二)阀门的分类及作用。

【考点03】　水闸工程

(一)水闸的分类;

(二)水闸的组成部分及闸室构造。

【考点04】　泵站

(一)泵站建筑物分类;

(二)固定式泵房的类型及特点;

(三)泵房基础。

【考点05】　倒虹吸的组成及优缺点

【考点06】　渡槽的组成及结构型式

【考点07】　涵洞的组成及型式

典型习题

1. 下列关于渠道说法错误的是(　　)。

A. 渠道是输水建筑物,其流态一般为无压明流

B. 在渠道系统中,渠道的数量由多到少,位置由高到低,断面及输水能力由小到大

C. 渠道设计的任务是选定渠道线路和确定断面尺寸

D. 渠道断面形态一般为梯形,分为全挖方渠道、全填方渠道和半挖半填渠道

2. (　　)是保证管线有效而经济工作的重要条件。

A. 水密性　　B. 足够的强度

C. 内壁光滑　　D. 价格低、使用年限长

3. (　　)是理想的管材,具有重量较轻,很少发生爆管、渗水和漏水现象,可以减小管网漏损率和管网维修费用。

A. 玻璃钢管　　B. 钢管

C. 球墨铸铁管　　D. 预应力和自应力钢筋混凝土管

4. 下列关于阀门说法错误的有(　　)。

A. 阀门用来调节管线中的流量或水压

B. 主要管线和次要管线交接处的阀门常设在主要管线上

C. 阀门的口径一般和水管的直径相同

D. 直径较大的阀门有齿轮传动装置,并在闸板两侧接以蝶阀,以减小水压差,便于

启闭

E. 泄水阀和排水管的直径由所需放空时间决定

5. 当水流方向相反时,(　　)闸板因自重和水压作用而自动关闭,防止因突然断电或其他事故时水流倒流而损坏水泵设备。

A. 蝶阀　　B. 电动阀门　　C. 止回阀　　D. 排气阀

6. 下列水闸中,(　　)能够双向过水。

A. 拦河闸　　B. 泄水闸　　C. 排水闸　　D. 挡潮闸

E. 分洪闸

7. 下图所示的闸室结构型式属于(　　)。

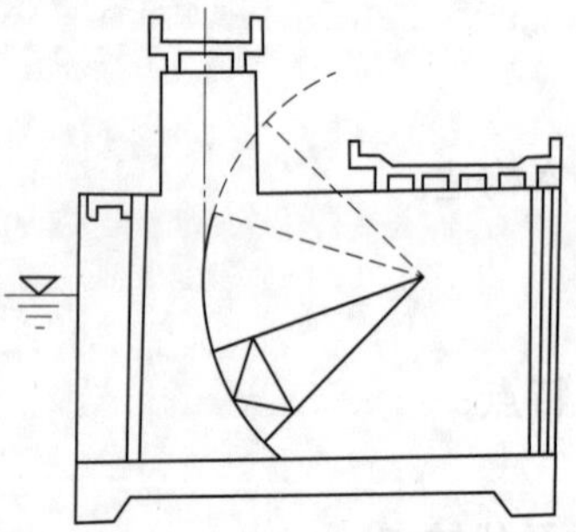

A. 封闭式　　B. 胸墙式　　C. 涵洞式　　D. 开敞式

8. 下图闸门组成部分中,11 代表(　　)。

A. 铺盖　　B. 底板　　C. 排水孔　　D. 护坦

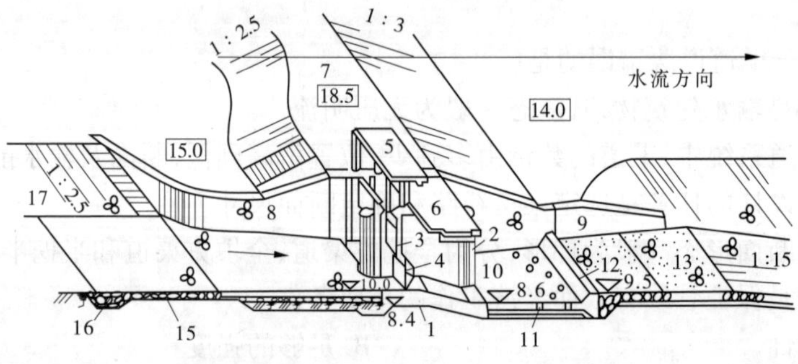

9. 水闸组成部分中,中墩的作用主要是(　　)。

A. 分隔闸孔　　B. 支撑闸门　　C. 挡土　　D. 侧向防渗

E. 支撑交通桥

10. 水闸由上游连接段、闸室和下游连接段三部分组成,下列属于上游连接段的是(　　)。

A. 下游翼墙　　B. 海漫　　C. 胸墙　　D. 铺盖

E. 上游防冲槽

11. 水闸组成部分中,(　　)是消除过闸水流动能的主要设施,并具有防冲等作用。

A. 铺盖　　B. 消力池　　C. 底板　　D. 海漫

12. 下列关于闸室构造说法正确的有(　　)。

A. 闸室底板型式通常有平底板、低堰底板及折线底板,平底板使用较多

B. 分离式平底板中,闸墩和上部设备的重量通过闸墩和底板传到地基

C. 当水闸挡水高度较大时可设置胸墙来代替部分闸门高度

D. 闸室沿轴线每隔一定距离应设一永久缝,缝的间距不宜大于 10 m

E. 止水设备除应满足防渗要求外,还应能适应混凝土收缩及地基不均匀沉降的变形

13. 下列关于水闸工作特点说法错误的是(　　)。

A. 在软土地基上建闸,在水闸的重力和外荷载作用下,可能产生较大沉陷

B. 当水闸开闸泄水时,在上、下游水位差的作用下,过闸水流有较大动能,流速较大,会严重地冲刷下游河床及两岸

C. 当水闸挡水时,上、下游水位差造成较大的水平水压力,使水闸有可能产生向下游一侧的滑动

D. 水闸挡水时,渗流将对水闸底部施加向上的渗透压力,增大了水闸的有效重量,从而提高了水闸的抗滑稳定性

14. 泵站中进水建筑物的主要作用是衔接水源地与泵房,下列属于进水建筑物的有(　　)。

A. 引水渠道　　B. 前池　　C. 泵房　　D. 压力水箱

E. 进水池

15. 固定式泵房中,(　　)泵房用钢筋混凝土把水泵的进水流道与泵房的底板浇成一块整体,并作为泵房的基础。

A. 分基型　　B. 湿室型　　C. 块基型　　D. 干室型

16. 下列关于泵房基础的说法错误的是(　　)。

A. 泵房基础和地基必须具备足够的强度和稳定性,以防止泵房或设备因沉降过大或不均匀沉降

B. 在地下水位较高的地区,基础的底面要设在最低地下水位以上,以免因地下水位上升和下降增加沉降量和引起不均匀沉降

C. 灰土基础不宜做在地下水和潮湿的土中

D. 分基型泵房多采用砖基础

17. 下列关于倒虹吸管说法错误的是(　　)。

A. 倒虹吸管造价较渡槽低廉,施工方便,小型工程用得较多

B. 倒虹吸管进出口段要与渠道平顺连接,一般都设渐变段以减小水头损失

C. 倒虹吸管常用浆砌石矩形断面

D. 倒虹吸管宜有适当埋深,以减少内外管壁温差,在冰冻地区,管道顶部应埋在冰冻层以下

18. 下列关于渡槽说法错误的是(　　)。

A. 渡槽槽身的功用是使渡槽与上、下游渠道平顺连接,保持水流顺畅

B. 渡槽槽身横断面形态多为矩形

C. 槽身的支承结构型式有梁式、拱式和桁架拱式

D. 桁架拱一般采用钢筋混凝土结构,能用于软基,跨越的河流为通航河道时,能提供槽下较大的通航净空

19. 涵洞由进口、洞身和出口三部分组成,一般不设闸门,水流形态可以设计成(　　)。

A. 真空　B. 半无压　C. 半有压　D. 无压

E. 有压

20. 下图所示的涵洞进出口型式属于(　　)。

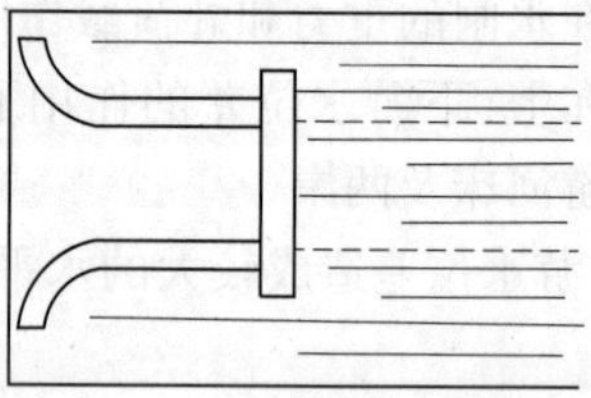

A. 一字墙式　B. 八字形斜降墙式

C. 进口段高度加大　D. 反翼墙走廊式

历年真题练习

【2019-22】 按闸室结构分类,水闸可分为(　　)。

A. 挡潮闸、分洪闸、排水闸

B. 挡潮闸、开敞式水闸、胸墙式水闸

C. 开敞式水闸、胸墙式水闸、封闭式(涵洞式)水闸

D. 开敞式水闸、胸墙式水闸、分洪闸

【2019-27】 水闸闸室两侧兼有挡土、减少水平边荷载及延长侧向防渗作用的是(　　)。

A. 翼墙　B. 岸墙　C. 防渗刺墙　D. 齿墙

【2019-29】 在事故闸门关闭时,防止压力管道内产生过大负压的是(　　)。

A. 伸缩节　B. 充水阀　C. 通气孔　D. 排水阀

【2019-30】 涵洞构造中能够防止洞壁外围产生集中渗流的是(　　)。

A. 基础下部　B. 沉降缝　C. 截水环　D. 洞壁上部

参考答案

1. B。本题考核渠道特点及断面型式。参见教材 P174。

2. A。本题考核管道材料要求。参见教材 P175。

3. C。本题考核管道材料的特点。参见教材 P176。

4. BD。本题考核阀门的类型和特点。参见教材 P176。

5. C。本题考核止回阀的作用及工作特性。参见教材 P177。

6. CDE。本题考核闸门的特点。参见教材 P178。

7. D。本题考核水闸的分类。参见教材 P178。

8. C。本题考核水闸的组成部分。参见教材 P179。
9. ABE。本题考核水闸闸墩的作用。参见教材 P179。
10. DE。本题考核水闸中铺盖的作用。参见教材 P179。
11. B。本题考核水闸消力池的作用。参见教材 P179。
12. ACE。本题考核水闸闸室的构造。参见教材 P180。
13. D。本题考核水闸的工作特点。参见教材 P180。
14. ABE。本题考核泵站建筑物的分类。参见教材 P181。
15. C。本题考核固定式泵房的特点。参见教材 P182。
16. B。本题考核泵房基础的埋置深度和型式。参见教材 P184。
17. C。本题考核倒虹吸管的组成及特点。参见教材 P185~186。
18. A。本题考核渡槽的特点及应用。参见教材 P186。
19. CDE。本题考核涵洞的水流形态。参见教材 P188。
20. D。本题考核涵洞的进出口型式。参见教材 P189。

【2019-22】 C。参见教材 P178。

【2019-27】 B。参见教材 P179。

【2019-29】 C。在事故闸门关闭时，防止压力管道内产生过大负压的设备是通气孔。

【2019-30】 C。涵洞构造。

第五节　河道工程建筑物分类及基本型式

核心考点点拨

【考点 01】 河道整治建筑物的分类及作用

【考点 02】 堤防工程的分类

【考点 03】 堤岸防护

(一)护岸分类。

(二)护坡与护脚的分类和施工技术。

典型习题

1. 为了(　　)而修建的河工建筑物，称为河道整治建筑物。

A. 拦截和约束水流　　B. 河道防洪

C. 宣泄多余水量　　D. 调整、稳定河道主流位置

E. 改善水流、泥沙运动及河道冲刷淤积部位

2. 下列属于河道整治建筑物的有(　　)。

A. 护岸　　B. 丁坝　　C. 进水闸　　D. 施工围堰

E. 顺坝

3. (　　)控制一定范围内泥沙的运动方向，常用于引水口的引水和防沙整治。

A. 透水建筑物　B. 实体建筑物　C. 环流建筑物　D. 淹没建筑物

4. 堤防工程按结构型式分为土堤、混凝土或钢筋混凝土堤、土石混合堤,(　　)在堤防设计中往往作为首选堤型。

A. 土堤　B. 混凝土堤　C. 钢筋混凝土堤　D. 土石混合堤

5. 河道护岸工程的主要型式包括(　　)。

A. 平顺护岸　B. 顺向护岸　C. 逆向护岸　D. 坝式护岸

E. 墙式护岸

6. 墙式护岸也称重力式护岸,顺堤岸设置,具有断面小、占地少的优点,要求地基满足一定的承载能力,其坡度(　　)。

A. 小于45°　B. 大于45°　C. 小于60°　D. 大于60°

7. 下列关于护脚、护坡施工技术说法错误的是(　　)。

A. 堤防护岸工程水上与水下之分均是针对枯水施工期而言的

B. 护岸工程的施工原则是先护脚后护坡

C. 水下护脚工程位于水下,经常受水流的冲击和淘刷,需采用具有柔性结构的防护型式

D. 护坡工程仅承受水流冲刷和波浪的冲击作用

8. 下列属于砌石护坡的有(　　)。

A. 干砌石护坡　B. 湿砌石护坡　C. 浆砌石护坡　D. 石笼护坡

E. 灌砌石护坡

9. 下列关于砌石护坡说法正确的有(　　)。

A. 干砌石护坡厚度是指面石的厚度

B. 干砌石护坡应由低向高逐步铺砌,上下层砌石应错缝砌筑

C. 坡面有涌水现象时,应在护坡层下铺设 5 cm 以上厚度的碎石、粗砂或砂砾作为反滤层

D. 浆砌石护坡由面层和起反滤层作用的垫层组成,原坡面如为砂、砾、卵石,可不设垫层

E. 浆砌石护坡,应做好排水孔的施工

10. 液压喷播植草护坡,喷播一个月后坡面植物覆盖率可达(　　)以上,两个月后具备防护、绿化功能。

A. 30%　B. 50%　C. 70%　D. 90%

历年真题练习

【2019-26】 堤顶宽度应根据防汛、管理、施工、构造及其他要求确定,2 级堤防不宜小于(　　)。

A. 5 m　B. 6 m　C. 8 m　D. 10 m

参考答案

1. BDE。本题考核河道整治建筑物的定义。参见教材 P190。

2. ABE。本题考核河道整治建筑物的类型。参见教材 P190。

3. C。本题考核河道整治建筑物的作用。参见教材 P190。

4. A。本题考核堤防的应用。参见教材 P190。

5. ADE。本题考核堤岸防护工程的分类。参见教材 P190。

6. B。本题考核墙式护岸的型式。参见教材 P192。

7. D。本题考核护脚、护坡施工技术。参见教材 P193。

8. ACE。本题考核护脚护坡的分类。参见教材 P193。

9. BDE。本题考核砌石护坡的设置要求。参见教材 P193。

10. C。本题考核生态护坡的特点。参见教材 P193。

【2019-26】 B。参见《堤防工程设计规范》(GB 50286—2013)。

第四章 机电及金属结构

第一节 水力机械设备

核心考点点拨

【考点01】 机电及金属结构的分类

【考点02】 水轮机

(一)水轮机的分类及应用。

(二)水轮机的型号。

(三)水轮机主要部件安装工序。

【考点03】 水轮发电机

(一)水轮发电机的特点及分类。

(二)水轮发电机的型号。

【考点04】 调速系统

(一)调速系统的功能及分类。

(二)油压装置的工作原理和设置目的。

【考点05】 水泵

(一)水泵的组成及分类。

(二)水泵机组试运行。

【考点06】 进水阀的组成及作用

【考点07】 水力机械辅助设备

(一)油系统的分类及功能。

(二)管路耐压试验。

【考点08】 通风空调的组成

典型习题

1. 下列属于水力机械设备的有(　　)。

A. 水轮机　　B. 调速系统　　C. 水轮发电机　　D. 闸门

E. 水泵

2. 下列关于水轮机说法错误的是(　　)。

A. 按转轮进出口压强是否相等,水轮机可分为冲击式水轮机和反击式水轮机

B. 反击式水轮机同时利用了水流的动能和压力势能

C. 冲击式水轮机的转轮在工作时全部浸没在有压水流中,主要利用了水流的动能

D. 可逆式水轮机又称水泵水轮机，是抽水蓄能电站动力设备

3.（　　）水轮机运行可靠、结构简单、效率高，适用于大、中、小型水力发电工程，是目前世界各国广泛采用的水轮机型式之一。

A. 混流式　B. 轴流式　C. 贯流式　D. 可逆式

4. 轴流式水轮机水流在转轮进口由轴向流入，推动转轮叶片做功后由轴向流出，根据转轮叶片在运行中能否转动分为（　　）。

A. 轴流固定式　B. 轴流转桨式　C. 轴流移动式　D. 轴流定桨式

E. 轴流调桨式

5. 冲击式水轮机按射流冲击转轮方式不同分为（　　）。

A. 斜击式　B. 水斗式　C. 斜流式　D. 混流式

E. 双击式

6. 水轮机型号中，引水室特征代号"H"表示（　　）。

A. 金属蜗壳　B. 混凝土蜗壳　C. 竖井式　D. 虹吸式

7. 某水轮机型号为 XLN195－LJ－250，其中"250"表示（　　）。

A. 转轮型号　B. 工作水头　C. 主轴型号　D. 转轮标称直径

8. 某水轮机型号为 2CJ30－W－120/2×10，下列说法错误的有（　　）。

A. 该水轮机为反击式水轮机　B. 该水轮机一根轴上有 2 个转轮

C. 该水轮机转轮型号为 120　D. 该水轮机为卧式

E. 该水轮机转轮标称直径为 10 cm

9. 水轮机一般由引水机构、导水机构、转动机构和泄水机构组成，对反击式机组而言，其引水机构指( )。

A. 配水管　B. 导叶　C. 蜗壳　D. 尾水管

10. 水轮机组成部分中，（　　）除有归顺水流的作用外，更主要的作用是回收动能。

A. 引水机构　B. 导水机构　C. 转动机构　D. 泄水机构

11. 水轮机尾水管安装，尾水管里衬内应使用不大于（　　）的照明设备和灯具，不应将行灯变压器带入尾水管内使用。

A. 12 V　B. 24 V　C. 36 V　D. 220 V

12. 水轮机埋设部分安装中，凑合节安装指（　　）的连接。

A. 蜗壳　B. 尾水管　C. 配水管　D. 座环

E. 基础环

13. 与常规水轮发电机相比，发电电动机在结构上具有（　　）特点。

A. 单向旋转　B. 双向旋转　C. 频繁启停　D. 过渡过程简单

E. 需要专门启动设施

14. 水轮发电机按照（　　）分为悬式和伞式。

A. 转轴的布置方式　B. 推力轴承位置

C. 冷却方式　D. 励磁装置

15. 水轮机型号中 SF 表示（　　）。

A. 励磁机　B. 永磁发电机　C. 水轮发电机　D. 水冷水轮发电机

16. 水轮机 YFG423/2×10－40 的转速为(　　)。

A. 75 r/min　B. 108 r/min　C. 150 r/min　D. 300 r/min

17. 立式水轮发电机一般由转子、定子等部件组成,下列部件中属于定子的有(　　)。

A. 磁极　B. 机座　C. 推力轴承　D. 铁芯

E. 绕组

18. 伞式水轮发电机安装的最后一步是(　　)。

A. 启动试运转　B. 全面清扫、喷漆、干燥

C. 安装其他零部件　D. 安装励磁机及永磁发电机

19. 水轮发电机安装完毕,机组带电负荷连续运行时间为(　　)。

A. 12 h　B. 24 h　C. 48 h　D. 72 h

20. 调速器的主要功能是检测机组转速偏差,并将它按一定的特性转换成接力器的行程差,借以调整机组功率,使机组在给定的负荷下以给定的转速稳定运行,给定的转速范围与额定转速的差为 ±0.2% ~ ±0.3%,只对(　　)进行调节的调速器称为单调型调速器。

A. 桨叶　B. 导叶和桨叶　C. 导叶　D. 引水机构

21. 大中型油压装置的压力油罐和集油箱采用分离式布置,型号为(　　)。

A. HYZ　B. YZ　C. GT　D. CJT

22. 下列水泵类型中,属于叶片泵的有(　　)。

A. 离心泵　B. 轴流泵　C. 容积泵　D. 混流泵

E. 其他泵型

23. 水泵 20Sh－19 比转数为(　　)。

A. 19 r/min　B. 20 r/min　C. 190 r/min　D. 200 r/min

24. 立式水泵安装时,对于叶轮外壳内圆圆度,在叶片进水边和出水边位置所测半径与平均半径之差,不应超过叶片间隙设计值的(　　)。

A. ±1%　B. ±3%　C. ±5%　D. ±10%

25. 下列关于水泵机组试运行说法正确的是(　　)。

A. 泵站每台机组投入运行前,应进行机组启动验收

B. 机组启动验收后,进行机组启动试运行

C. 单台机组试运行时间应在 7 d 内累计运行时间为 48 h 或连续运行 24 h

D. 单台机组试运行时间不含全站机组联合运行小时数

E. 全站机组联合运行时间宜为 6 h,且机组无故障停机 3 次,每次无故障停机时间不宜超过 1 h

26. 下列水利工程常见阀门中,(　　)用于调节流量。

A. 蝶阀　B. 球阀　C. 闸阀　D. 锥形阀

27. 进水阀的附件包括(　　)。

A. 伸缩节　B. 旁通阀　C. 空气阀　D. 闷头

E. 排水阀

28. 油系统设备中油分为透平油和绝缘油，二者必须分开设置。透平油用于水轮机和发电机，作用是（　）。

A. 润滑　B. 散热　C. 消除电弧　D. 绝缘

E. 对液压设备进行操作

29. 所有油、水、气管路及附件，在安装完成后均应进行耐压和严密性试验，耐压试验压力为（　）额定工作压力，保持 10 min 无渗漏及裂纹等异常现象发生。

A. 50%　B. 1 倍　C. 1.5 倍　D. 2 倍

30. 通风空调中，不锈钢板风管管壁小于或等于 1 mm 时可以采用咬接，大于 1 mm 时不得采用（　）。

A. 电弧焊　B. 气焊　C. 氩弧焊　D. 手工电弧焊

历年真题练习

【2019-31】　某水电站规划装机容量为 1 200 MW，运行水头范围在 90 ~ 120 m，用 4 台相同容量的水轮发电机组，最合适的水轮机型是（　）。

A. 冲击式　B. 混流式　C. 轴流转桨式　D. 轴流定桨式

【2019-32】　水轮发电机型号为 SF190 – 40/10800，其中 190 表示（　）。

A. 功率　B. 磁极个数　C. 定子铁芯外径　D. 代号

【2019-35】　为适应较大位移，在两节钢管之间设置的连接部件是（　）。

A. 止推环　B. 伸缩节　C. 加劲环　D. 渐变管

【2019-71】　水泵机组包括（　）。

A. 水泵　B. 动力机　C. 辅助设置　D. 传动设备

E. 电气设备

参考答案

1. ABCE。本题考核机电及金属结构的分类。参见教材 P198。
2. C。本题考核水轮机的分类及工作原理。参见教材 P198。
3. A。本题考核水轮机的特点。参见教材 P199。
4. BDE。本题考核轴流式水轮机的分类。参见教材 P199。
5. ABE。本题考核冲击式水轮机的分类。参见教材 P200。
6. B。本题考核水轮机型号表示方法。参见教材 P201。
7. D。本题考核水轮机的型号。参见教材 P202。
8. ACE。本题考核水轮机各组成部分的含义。参见教材 P202。
9. C。本题考核水轮机的引水机构。参见教材 P202。
10. D。本题考核水轮机组成部分的作用。参见教材 P203。
11. A。本题考核尾水管照明设备电源电压。参见教材 P203。
12. BE。本题考核水轮机埋设部分安装顺序。参见教材 P203。
13. BCE。本题考核发电电动机的特点。参见教材 P205。
14. B。本题考核水轮发电机的分类。参见教材 P206。

15. C。本题考核水轮发电机的型号。参见教材 P206。

16. C。本题考核水轮发电机的表示方法和转速的计算。参见教材 P206。

转速 =(我国电网频率 50 Hz × 60)/(磁极个数 40/2) = 150(r/min)

17. BDE。本题考核水轮发电机的基本部件。参见教材 P207。

18. A。本题考核水轮发电机的安装顺序。参见教材 P211。

19. D。本题考核水轮发电机带电负荷运行时间。参见教材 P212。

20. C。本题考核调速器的分类。参见教材 P213。

21. B。本题考核油压装置的型号。参见教材 P214。

22. ABD。本题考核水泵的分类。参见教材 P214。

23. C。本题考核水泵的性能规格。参见教材 P214。

24. D。本题考核立式水泵的安装。参见教材 P215。

25. ACE。本题考核水泵机组试运行。参见教材 P216。

26. D。本题考核阀门的作用。参见教材 P216。

27. ABCE。本题考核进水阀的组成。参见教材 P218。

28. ABE。本题考核油系统的功能。参见教材 P218。

29. C。本题考核管路的耐压试验。参见教材 P221。

30. B。本题考核不锈钢板风管连接。参见教材 P222。

【2019-31】 B。参见教材 P199。

【2019-32】 A。参见教材 P206。

【2019-35】 B。伸缩节的作用是使钢管沿轴线自由伸缩,以补偿温度应力,用于分段式管道中。

【2019-71】 ABD。参见教材 P214。

第二节　电气设备

核心考点点拨

【考点 01】　一次设备和二次设备的作用及分类

【考点 02】　一次设备

(一)一次设备的分类。

(二)一次设备的符号、图标及作用。

【考点 03】　二次设备的分类

典型习题

1. 水电站电气设备布置于发电厂厂房和升压变电站内,包括一次设备、二次设备等,下列属于一次设备的有(　　)。

A. 发电机　　B. 断路器　　C. 继电器　　D. 自动空气开关

E. 仪表

2. 对一次设备进行直接(　　)的设备称为二次设备。

A. 生产　B. 测量　C. 操作　D. 分配

E. 保护

3. 一次设备按工作性质分类,进行生产和能量转换的设备包括(　　)。

A. 变压器　B. 熔断器　C. 避雷器　D. 电压互感器

E. 发电机

4. 大中型水力发电工程的发电电压等级不包括(　　)。

A. 0.4 kV　B. 6.3 kV　C. 13.8 kV　D. 24.0 kV

5. 水轮发电机用符号(　　)代表。

A. F　B. T　C. G　D. GIS

6. 某变压器型号为 SFPSOL－120000/220,下列说法正确的有(　　)。

A. 三相双绕组　B. 强迫油循环风冷

C. 容量为 120 kVA　D. 高压侧电压等级为 220 kV

E. 升压自耦电力变压器

7. 在主要安装单位文字符号中,下列属于高压厂用变压器代号的有(　　)。

A. T15　B. T25　C. T45　D. T55

8. 下列不属于变压器主要部件的是(　　)。

A. 铁芯和绕组　B. 油箱和底座　C. 散热器　D. 推力轴承

9. 在抽水蓄能电站中,蓄能机组目前主要以静止变频器(　　)作为主要启动方式。

A. SFC　B. L　C. F　D. TA

10. 能承载、关合和开断运行线路正常工作电流,也能在规定时间内承载、关合和开断规定异常电流的开关设备为(　　)。

A. 变频启动装置　B. 隔离开关　C. 断路器　D. 熔断器

11. 下列关于断路器说法错误的是(　　)。

A. 断路器用符号“QS”表示

B. SF_6断路器适用于需频繁操作及有易燃易爆危险的场所

C. 110 kV 及以上电压采用 SF_6断路器

D. LW8 －35/1600－25 代表断路器额定电压为 35 kV,额定电流为 1 600 A,额定短路开断电流为 25 kA

12. 下图图例符号表示(　　)。

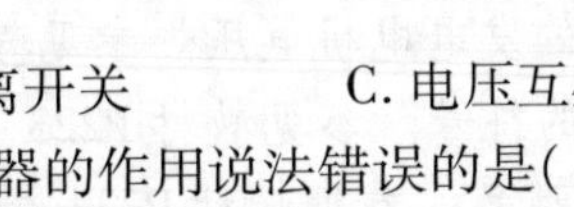

A. 断路器　B. 隔离开关　C. 电压互感器　D. 电流互感器

13. 下列关于设置电压互感器的作用说法错误的是(　　)。

A. 测量安全

B. 使仪表和继电器标准化

C. 使一次侧和二次侧高、低压电路互相隔离

D. 将低电压转化为高电压

14. 熔断器用符号 FU 表示,电压在(　　)以上的熔断器称为高压熔断器。

A. 0.4 kV　　B. 1 kV　　C. 6 kV　　D. 22 kV

15. 发电厂和变电站中母线的作用不包括(　　)。

A. 断开电气设备　　B. 汇集电能　　C. 传送电能　　D. 分配电能

16. 硬母线中“QLFM”表示(　　)。

A. 分段全连式离相封闭母线　　B. 共箱封闭母线

C. 全连式离相封闭母线　　D. 共箱隔相封闭母线

17. 继电保护系统中,(　　)是指满足系统稳定和设备安全要求,能以最快速度有选择地切除被保护设备和线路故障保护。

A. 主保护　　B. 后备保护　　C. 断路器　　D. 辅助保护

18. 继电保护系统应优先选用具有成熟运行经验的数字式保护装置,应满足(　　)的要求。

A. 可靠性　　B. 安全性　　C. 选择性　　D. 灵敏性

E. 速动性

19. 水利工程中,自动化系统不包括(　　)。

A. 水力发电厂　　B. 泵站　　C. 闸门　　D. 通信系统

20. 水利工程信息化系统包括(　　)等内容。

A. 信息采集　　B. 数据传输　　C. 信息存储　　D. 信息分析

E. 综合应用

历年真题练习

【2019-33】 电气设备分为一次设备和二次设备,下列不属于一次设备的是(　　)。

A. 电抗器　　B. 避雷器　　C. 继电器　　D. 熔断器

【2019-34】 母线是发电厂和变电站用来连接各种电气设备,汇集、传送和分配电能的金属导线,分为硬母线和软母线。以下不属于硬母线类型的是(　　)。

A. 矩形母线　　B. 钢芯铝绞线　　C. 圆形母线　　D. 管形母线

参考答案

1. ABD。本题考核一次设备和二次设备分类。参见教材 P222。
2. BCE。本题考核二次设备的作用。参见教材 P222。
3. AE。本题考核一次设备按性质分类。参见教材 P223。
4. A。本题考核一次设备中的发电电机电压。参见教材 P223。
5. C。本题考核水轮发电机的符号。参见教材 P223。
6. BDE。本题考核变压器的型号。参见教材 P224。
7. B。本题考核高压厂用变压器代号。参见教材 P224。
8. D。本题考核变压器的主要部件。参见教材 P225。
9. A。本题考核一次设备的符号含义。参见教材 P225。

10. C。本题考核断路器的作用。参见教材 P225。
11. A。本题考核断路器的型号及应用。参见教材 P226。
12. B。本题考核一次设备图例符号。参见教材 P227。
13. D。本题考核电压互感器的作用。参见教材 P227。
14. B。本题考核高压熔断器的定义。参见教材 P230。
15. A。本题考核母线的作用。参见教材 P231。
16. C。本题考核硬母线的型号及含义。参见教材 P232。
17. A。本题考核继电保护系统的作用。参见教材 P235。
18. ACDE。本题考核继电保护系统的要求。参见教材 P236。
19. D。本题考核水利工程自动化系统的分类。参见教材 P237。
20. ABCE。本题考核水利工程信息化系统的内容。参见教材 P238。
【2019-33】 C。参见教材 P222。
【2019-34】 B。参见教材 P232。

第三节　金属结构设备

核心考点点拨

【考点 01】 起重设备

(一)桥式起重机。

1. 基本参数。

2. 安装与荷载试验。

(二)闸门启闭机

【考点 02】 闸门

(一)闸门的分类。

(二)闸门的安装。

【考点 03】 拦污栅的组成

【考点 04】 压力钢管

(一)压力钢管的作用及布置形式。

(二)钢管制作。

(三)钢管的安装顺序及安装方法。

(四)伸缩节、岔管、闷头的制作安装。

(五)焊缝质量检查与检验。

典型习题

1. 某起重机型号 QD 20/5 – 19.5A5，下列说法错误的是(　　)。

A. 该起重机为桥式起重机　　B. 主钩额定起重量为 5 t

C. 跨度为 19.5 m　　D. 工作级别为 A5

2. 下列关于桥式起重机说法错误的是(　　)。

A. 桥式起重机的起重量是指主钩的起重量

B. 起重机跨度不符合标准尺寸时,可按每隔 0.5 m 选取

C. 在提升电动机额定转速下,吊钩提升速度称为运行速度

D. 吊钩上极限位置与下极限位置的距离称为起升高度

3. 起重机的基本参数包括(　　)。

A. 起重量　B. 台数　C. 启动方式　D. 起升高度

E. 跨度

4. 某桥式起重机工作时间为 4 min,休息时间为 6 min,则其工作制为(　　)。

A. 40%　B. 50%　C. 60%　D. 67%

5. 桥式起重机负荷试验程序为(　　)。

A. 准备→静荷载→空载→动荷载　B. 准备→静荷载→动荷载→空载

C. 准备→空载→动荷载→静荷载　D. 准备→空载→静荷载→动荷载

6. (　　)试验的目的是检查机构和制动器的工作性能。

A. 静载　B. 动载　C. 荷压　D. 耐压

7. (　　)适用于小型及灌区工程的低水头、中小孔口的闸门,速度慢,一般启闭能力为 25 t 及以下。

A. 卷扬式启闭机　B. 链式启闭机　C. 螺杆式启闭机　D. 液压式启闭机

8. 闸门启闭机按布置方式分为移动式和固定式,下列不属于移动式启闭机的是(　　)。

A. 液压式启闭机　B. 门式起重机　C. 台车式启闭机　D. 滑车式起重机

9. 移动式启闭机是一机可吊多扇、多种闸门,其安装程序正确的是(　　)。

A. 轨道安装 → 调试与负荷试验 → 门架安装

B. 门架安装 → 调试与负荷试验 → 轨道安装

C. 门架安装 → 轨道安装 → 调试与负荷试验

D. 轨道安装 → 门架安装 → 调试与负荷试验

10. 闸门活动部分由门叶和固定部分埋件组成,下列属于埋件的有(　　)。

A. 门叶结构　B. 主轨　C. 滑块　D. 侧轨

E. 止水埋件

11. 闸门按用途分为工作闸门、事故闸门和检修闸门,其中工作闸门能在(　　)。

A. 动水开、闭　B. 动水关闭、静水开启

C. 静水中开、闭　D. 动水开启、静水关闭

12. 闸门按构造特征分为(　　)。

A. 金属闸门　B. 平板闸门　C. 弧形闸门　D. 混凝土闸门

E. 船闸闸门

13. 下列弧形闸门安装顺序正确的是(　　)。

A. 门叶安装 → 支铰安装 → 支臂安装 → 门槽安装

B. 门槽安装 → 支铰安装 → 支臂安装 → 门叶安装

C. 门槽安装 → 门叶安装 → 支铰安装 → 支臂安装

D. 门槽安装 → 门叶安装 → 支臂安装 → 支铰安装

14. 闸门埋件的二期混凝土强度达到(　　)以后方可拆模,拆模后应对埋件进行复测,并做好记录。

A. 100%　　B. 70%　　C. 50%　　D. 30%

15. 下列关于闸门验收的说法,错误的是(　　)。

A. 闸门安装好后,应在无水情况下做全行程启闭试验

B. 闸门启闭时,应在橡胶水封处浇水润滑

C. 有条件时,工作闸门应做动水启闭试验

D. 有条件时,事故闸门应做动水启闭试验

16. 下列不属于拦污栅型式的是(　　)。

A. 自由式　　B. 固定式　　C. 活动式　　D. 回转式

17. 压力钢管从水库的(　　)将水流直接引入水轮机的蜗壳。

A. 进水口　　B. 压力水箱　　C. 出水池　　D. 压力前池

E. 调压井

18. 制作钢管的钢板应具有良好的(　　)。

A. 安定性　　B. 强度　　C. 可焊性　　D. 抗腐蚀性能

E. 较高的时效敏感性

19. 钢管单节组装中,(　　)的作用主要是增加钢管的刚度和稳定性,防止钢管在运输、吊装过程中失稳变形。

A. 对圆　　B. 调圆　　C. 加劲环　　D. 瓦片制作

20. 下列关于钢管安装说法错误的是(　　)。

A. 安装一般是先调高程后调中心,先粗调后细调

B. 隧洞式压力钢管周围浇筑完混凝土后要进行灌浆

C. 固结灌浆的目的是增加围岩的整体性

D. 灌浆结束后,即用丝堵将孔堵上,并予焊牢,以免产生渗漏现象

21. 下列钢管安装顺序正确的是(　　)。

A. 灌浆孔堵头→钢管大节→弯管→凑和节

B. 弯管→钢管大节→凑合节→灌浆孔堵头

C. 钢管大节→弯管→凑合节→灌浆孔堵头

D. 凑合节→钢管大节→弯管→灌浆孔堵头

22. 下列关于伸缩节、岔管、闷头的安装说法错误的是(　　)。

A. 当气温变化或其他原因使钢管产生轴向或径向位移时,伸缩节能适应其变化而自由伸缩

B. 伸缩节组装的要点是控制弧度、圆度和周长

C. 闷头的作用是在水压试验时,封闭钢管两端

D. 现场安装时先装支管,后装岔管

23. 下列焊缝质量检查中,不属于内部检查的是(　　)。

A. 煤油渗透检查　B. 样板检查　C. 钻孔检查　D. γ 射线探伤

24. 在各种钢闸门及埋件的制造焊接中(　　)得到广泛的应用,越来越显示出高效、节能、变形小、劳动强度低的优越性。

A. CO_2气体保护焊　B. 焊条电弧焊

C. 手工电弧焊　D. 埋弧自动焊

E. MAG 焊

25. 下列焊缝质量检验中,(　　)属于致密性试验。

A. 外观检查　B. 渗油试验　C. 渗透探伤　D. 水压试验

E. 金相分析

历年真题练习

【2019-36】 铸铁闸门是一种直升直降式小型闸门,主要靠(　　)来开启和关闭。

A. 固定卷扬式启闭机　B. 螺杆式启闭机

C. 液压式启闭机　D. 门式启闭机

【2019-72】 按工作性质,水利工程的钢闸门可分为(　　)。

A. 工作闸门　B. 挡水闸门　C. 事故闸门　D. 灌水闸门

E. 检修闸门

参考答案

1. B。本题考核起重机型号代表的含义。

2. C。本题考核起重机参数的含义。参见教材 P241。

3. ABDE。本题考核起重机参数。参见教材 P241。

4. A。本题考核工作制的计算。参见教材 P241。

工作制 = 工作时间 4 min/(工作时间 4 min + 间歇时间 6 min) = 40%

5. D。本题考核负荷试验的程序和内容。参见教材 P241。

6. B。本题考核动载试验的目的。参见教材 P241。

7. C。本题考核启闭机的应用。参见教材 P242。

8. A。本题考核启闭机的分类。参见教材 P242。

9. D。本题考核移动式启闭机的安装程序。参见教材 P243。

10. BDE。本题考核闸门的组成。参见教材 P243。

11. A。本题考核闸门的工况。参见教材 P243。

12. BCE。本题考核闸门的分类。参见教材 P243。

13. C。本题考核弧形闸门的安装顺序。参见教材 P244。

14. B。本题考核闸门埋件的安装。参见教材 P245。

15. D。本题考核闸门启闭试验。参见教材 P245。

16. A。本题考核拦污栅的分类。参见教材 P245。

17. ADE。本题考核压力钢管的作用。参见教材 P246。

18. BCD。本题考核钢管制作的材料。参见教材 P247。

19. C。本题考核加劲环的作用。参见教材 P248。
20. A。本题考核钢管的安装方法。参见教材 P249。
21. C。本题考核钢管的安装顺序。参见教材 P249。
22. D。本题考核伸缩节、岔管、闷头的制作安装。参见教材 P250。
23. B。本题考核内部检查与外观检查的区别。参见教材 P250。
24. AE。本题考核焊接方法的发展。参见教材 P252。
25. BD。本题考核焊缝质量检查方法的区分。参见教材 P252。
【2019-36】 B。参见教材 P244。
【2019-72】 ACE。参见教材 P243。

第五章 水利工程施工

第一节 施工机械

核心考点点拨

【考点01】 施工机械的分类

【考点02】 施工机械设备选择的原则及要求

(一)施工机械设备选择的主要依据。

(二)施工机械设备选择的原则。

(三)施工机械设备配套组合方案和计算原则。

【考点03】 常用施工机械设备简介

(一)土石方机械。

1. 挖掘机的分类及应用。
2. 装载机的分类及应用。
3. 铲运机的分类及应用。
4. 压实机械的分类及应用。
5. 凿岩台车的分类。

(二)混凝土机械。

1. 混凝土搅拌机的分类。
2. 混凝土搅拌系统的组成及作用。
3. 混凝土搅拌车、混凝土输送泵、混凝土喷射机的应用。

(三)运输机械的分类。

(四)起重机械。

1. 缆索起重机的分类及工作特点。
2. 门座式、桥式、汽车式、履带式、门式起重机的组成。

(五)常见的砂石料加工机械类型及应用。

(六)钻孔灌浆机械的种类及应用。

(七)工程船舶类型及工作特点。

典型习题

1. 下列不属于混凝土机械的是(　　)。

A. 混凝土搅拌机　　B. 混凝土泵车　　C. 切缝机　　D. 胶带输送机

2. 施工机械设备选择的主要依据不包括(　　)。

A. 工程布置及水工建筑物特性

B. 水利建设投资统计资料

C. 施工机械台时(台班)定额和台时(台班)费定额

D. 施工地区对水土保持、环境保护和节能减排等要求

3. 进行施工机械设备配套组合时,可根据设计和施工条件,采用(　　)等方法计算施工机械设备生产率。

A. 经验法　B. 定额法　C. 机械性能分析　D. 试验研究法

E. 工程类比法

4. 挖掘机最重要的三个参数是指(　　)。

A. 操作质量　B. 运输距离　C. 发动机功率　D. 铲斗斗容

E. 工作时长

5. 下列关于挖掘机说法错误的是(　　)。

A. 按铲斗型式可以分为正铲挖掘机、反铲挖掘机、拉铲挖掘机和抓铲挖掘机

B. 正铲挖掘机可开挖含水率不大于27% 的Ⅰ~Ⅲ类土

C. 反铲挖掘机可以用于停机作业面或地表以下的挖掘

D. 拉铲挖掘机的挖土特点是向后向下,强制切土

6. 装载机按照卸载形式不同分类时,不包括(　　)。

A. 前卸式　B. 侧卸式　C. 后卸式　D. 回转式

7. 铲运机是在行驶中顺序进行(　　)作业的铲土运输机械。

A. 推土　B. 铲削　C. 装载　D. 运输

E. 铺卸土

8. 铲运机按卸土方式可分为(　　)。

A. 强制式　B. 回转式　C. 半强制式　D. 自由式

E. 半自由式

9. 按铲斗容量分类,某铲运机铲斗容量为 12 m^3,则其属于(　　)。

A. 小型　B. 中型　C. 大型　D. 特大型

10. 推土机按功率等级可分为(　　)。

A. 轻型　B. 小型　C. 中型　D. 大型

E. 特大型

11. (　　)利用碾轮的重力作用,使被压层密实。

A. 静碾　B. 夯板　C. 振动碾　D. 组合碾

12. 下列关于土石方机械说法错误的是(　　)。

A. 推土机的工作距离在 50 m 以内时,其经济效果最好

B. 羊角碾碾压黏性土无须刨毛即可保证层间结合良好

C. 风钻是以压缩空气为动力,利用冲击作用破碎坚硬物体的手持施工机具

D. 钻臂数是凿岩台车的主要参数之一,选择钻臂数主要根据隧洞、巷道的开挖断面和开挖高度来确定

13. 混凝土搅拌机按其工作性质可分为(　　)。

A. 倾翻式和非倾翻式　　B. 自落式和强制式
C. 固定式和移动式　　D. 间歇式和连续式

14. 混凝土搅拌楼组成系统中,(　　)是影响混凝土质量和混凝土生产成本的关键部件。
A. 物料称量系统　B. 物料输送系统　C. 物料储存系统　D. 控制系统

15. 物料称量系统分为骨料称量、粉料称量和液体称量三部分,在 50 m^3/h 以上的搅拌站中,多采用各种物料独立称量的方式,骨料称量精度(　　)。
A. ≤1.0%　B. ≤2.0%　C. ≤3.0%　D. ≤4.0%

16. 混凝土搅拌车按搅拌运输方式分类,不包括(　　)。
A. 湿料拌和运输　B. 干料拌和运输
C. 半湿料拌和运输　D. 半干料拌和运输

17. (　　)是利用压缩空气将混凝土沿管道连续输送,并喷射到施工面上的机械,广泛用于地下工程、井巷、隧道、涵洞等的衬砌施工。
A. 混凝土输送泵　B. 混凝土喷射机　C. 钢模台车　D. 混凝土泵车

18. 某载重汽车总质量为 30 t,则其属于(　　)。
A. 微型　B. 轻型　C. 中型　D. 重型

19. 螺旋输送机是一种不带挠性牵引构件的连续输送设备,目前在国内外混凝土搅拌楼上,常用(　　)输送水泥、粉煤灰和片冰等散装物料。
A. 管形螺旋输送机　　B. U 形螺旋输送机
C. 有轴螺旋输送机　　D. 无轴螺旋输送机

20. 下列关于缆索说法正确的有(　　)。
A. 缆索起重机兼有垂直运输和水平运输功能
B. 固定式缆机覆盖范围只有一条直线,构造最为简单
C. 双摆塔式覆盖范围为狭长梯形
D. 平移式缆机采用较小的主索跨度,基础准备的工程量最大
E. 辐射式缆机的覆盖范围为一扇形面,习惯上称固定支架为副塔

21. 右图所示的缆机布置示意图为(　　)。
A. 辐射式　B. 摆塔式
C. 固定式　D. 平移式

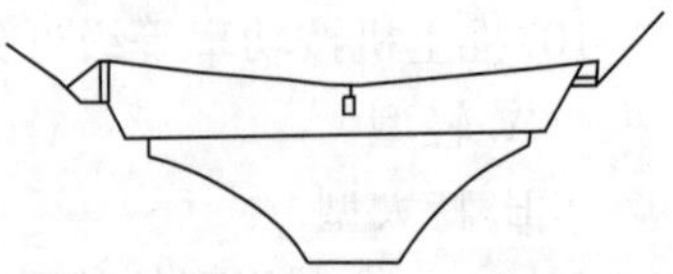

22. 下列关于起重机械说法错误的是(　　)。
A. 塔式起重机由金属结构、工作机构和电气系统组成,主要用于多层和高层建筑施工中材料的垂直运输和构件安装

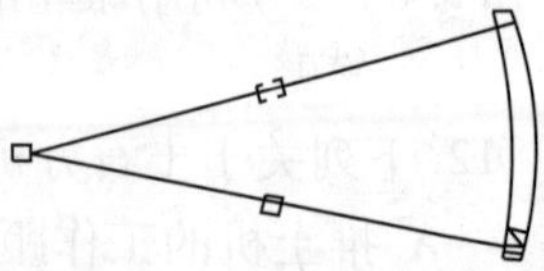

B. 汽车式起重机行驶速度快,可迅速转移作业场地,作业时不需要设置支腿,可以吊重行走
C. 履带与地面接触面积大,适用于在地面情况恶劣的场所进行装卸和安装作业
D. 门式起重机构造须便于装拆和运输,轨道多用临时性的碎石基础

23. 破碎机是将开采出来的岩石或天然砾石按照需要的粒径进行破碎加工的机械,中

碎宜采用(　　)。

A. 颚式破碎机　　B. 旋回圆锥破碎机

C. 标准型圆锥破碎机　　D. 短头型圆锥破碎机

24. (　　)将地表冲洗介质(清水),泥浆或聚合物冲洗液在一定的压力下直送到钻头的底端,以达到冷却钻头、将切削下来的岩屑清除并输送到地表的目的。

A. 反循环钻机　　B. 灰浆搅拌机　　C. 灌浆泵　　D. 泥浆泵

25. (　　)利用转动着的绞刀绞松河底或海底的土壤,与水混合成泥浆,经过吸泥管吸入泵体并经过排泥管送至排泥区,开挖砂、沙壤土、淤泥等土质比较适宜。

A. 绞吸式挖泥船　　B. 链斗式挖泥船　　C. 水力冲挖机组　　D. 斗轮式

历年真题练习

【2019-47】 中型凿岩台车一般用于开挖(　　)断面。

A. 5 ~ 20 m^2　　B. 5 ~ 30 m^2　　C. 10 ~ 30 m^2　　D. 25 ~ 100 m^2

【2019-49】 根据水利工程施工特点和机械分类,土石方机械不包括(　　)。

A. 推土机　　B. 挖掘机　　C. 水利冲挖机组　　D. 铲运机

参考答案

1. D。本题考核常见的混凝土机械。参见教材 P253。
2. B。本题考核施工机械设备选择的依据。参见教材 P253。
3. BCE。本题考核施工机械生产率计算方法。参见教材 P253。
4. ACD。本题考核挖掘机的工作参数。参见教材 P254。
5. D。本题考核挖掘机的分类和应用。参见教材 P255。
6. C。本题考核装载机的分类。参见教材 P256。
7. BCDE。本题考核铲运机的作业过程。参见教材 P257。
8. ACD。本题考核铲运机按卸土方式分类。参见教材 P257。
9. B。本题考核铲运机按铲斗容量分类。参见教材 P257。
10. ACDE。本题考核推土机的分类。参见教材 P258。
11. A。本题考核常见压实机械的工作特点。参见教材 P258。
12. C。本题考核常见土石方机械的应用。参见教材 P259。
13. D。本题考核混凝土搅拌机的分类。参见教材 P263。
14. A。本题考核混凝土搅拌楼五大系统的作用。参见教材 P264。
15. B。本题考核骨料称量的精度。参见教材 P264。
16. C。本题考核混凝土搅拌车的分类。参见教材 P265。
17. B。本题考核混凝土机械的工作特点及应用。参见教材 P265。
18. D。本题考核载重汽车的分类。参见教材 P267。
19. A。本题考核螺旋输送机的工作特点。参见教材 P268。
20. ABD。本题考核缆索起重机的类型和特点。参见教材 P270。
21. A。本题考核辐射式缆机的应用。参见教材 P271。

22. B。本题考核起重机的分类和应用。参见教材 P272 ~ 273。

23. C。本题考核砂石料破碎机的应用。参见教材 P276。

24. D。本题考核钻孔灌浆机械的应用。参见教材 P281。

25. A。本题考核工程船舶的工作特点及应用。参见教材 P283。

【2019-47】 C。参见教材 P261。

【2019-49】 C。参见教材 P253。

第二节　施工导流与截流工程

核心考点点拨

【考点 01】　施工导流标准

(一)临时性水工建筑物的级别。

(二)临时性水工建筑物洪水标准。

【考点 02】　导流方式与泄水建筑物

(一)分期围堰法导流方式及适用情形。

(二)全段围堰法导流的特点。

(三)辅助导流方式的适用情形。

【考点 03】　截流工程与导流挡水建筑物

(一)截流。

1. 截流施工过程。

2. 平堵法与立堵法截流。

(二)导流挡水建筑物

1. 围堰分类。

2. 围堰基本型式及工程特点。

【考点 04】　土坝、堆石坝的度汛措施

【考点 05】　基坑排水与封堵蓄水

(一)基坑排水。

1. 初期排水与经常性排水。

2. 人工降低地下水位的特点及适用情形。

(二)蓄水计划与导流建筑物的封堵。

典型习题

1. 确定临时性水工建筑物的级别,应考虑的因素主要有(　　)。

A. 失事后果　　B. 保护对象的重要性

C. 使用年限　　D. 临时建筑物的规模

E. 临时建筑物的结构型式

2. 某水库工程装机容量为 40 万 kW,使用年限为 1 年,则该工程施工围堰级别为

(　　)。

A. 2 级　B. 3 级　C. 4 级　D. 5 级

3. 某土石围堰级别为 5 级，则其洪水标准为(　　)重现期(年)。

A. 3 ~ 5　B. 5 ~ 10　C. 10 ~ 20　D. 20 ~ 50

4. 临时性水工建筑物用于挡水发电、通航，其级别提高为(　　)时，其洪水标准应综合分析确定。

A. 2 级　B. 3 级　C. 4 级　D. 5 级

5. (　　)可用于分段围堰法。

A. 束窄河床导流　B. 船闸导流　C. 隧洞导流　D. 涵管导流

E. 底孔导流

6. 下列关于施工导流说法错误的是(　　)。

A. 分段围堰法导流中，分段指在空间上用围堰将永久性建筑物分为若干段进行施工

B. 在工程实践中，二段二期导流用得最多

C. 分段围堰法导流时，河床束窄程度选择是关键问题之一

D. 全段围堰法导流适用于河床宽、流量大、工期较长的工程

7. (　　)导流方法在全段围堰法和分段围堰法中均可应用，适用于洪水期流量大、历时短，而枯水期流量则很小，水位暴涨暴落、变幅很大的山区河流。

A. 隧洞　B. 束窄河床　C. 淹没基坑法　D. 涵管

8. 明渠导流一般适用于岸坡平缓的平原河道，其弯道半径不宜小于(　　)明渠底宽，进出口轴线与河道主流方向的夹角宜小于(　　)。

A. 4 倍　30°　B. 4 倍　45°　C. 3 倍　30°　D. 3 倍　45°

9. 下列施工导流方式中，(　　)多用于混凝土坝。

A. 底孔导流　B. 坝体缺口导流

C. 束窄河床导流　D. 隧洞导流

E. 明渠导流

10. 施工截流时，先在河床的一侧或两侧向河床中填筑截流戗堤，这种向水中筑堤的工作叫作(　　)。

A. 预进占　B. 合龙　C. 防渗　D. 闭气

11. 下列关于截流施工过程正确的是(　　)。

A. 预进占→合龙→龙口范围的加固→闭气→形成围堰

B. 预进占→龙口范围的加固→合龙→闭气→形成围堰

C. 预进占→龙口范围的加固→合龙→形成围堰 →闭气

D. 合龙→龙口范围的加固→预进占→闭气→形成围堰

12. 下列属于戗堤法截流的有(　　)。

A. 下闸截流　B. 爆破截流　C. 立堵　D. 平堵

E. 混合堵

13. (　　)截流事先要在龙口架设浮桥或栈桥，龙口的单宽流量较小，出现的最大流

速较低。

A. 浮运结构截流　B. 立堵法　C. 平堵法　D. 水力充填法

14. 按围堰与水流方向的相对位置可以分为(　　)。

A. 上游围堰、下游围堰

B. 土石围堰、混凝土围堰、钢板桩格围堰

C. 过水围堰、不过水围堰

D. 横向围堰、纵向围堰

15. 下列关于围堰型式及构造说法错误的是(　　)。

A. 过水土石围堰的下游坡面及堰脚应采取可靠的加固保护措施

B. 混凝土围堰挡水水头高,底宽小,易于与永久性建筑物结合

C. 与重力式围堰相比,拱形混凝土围堰断面较大,混凝土工程量多

D. 草土围堰可就地取材,防渗性能好,适应能力强,便于拆除,施工速度快

16. 如右图所示土石围堰防渗墙型式属于(　　)。

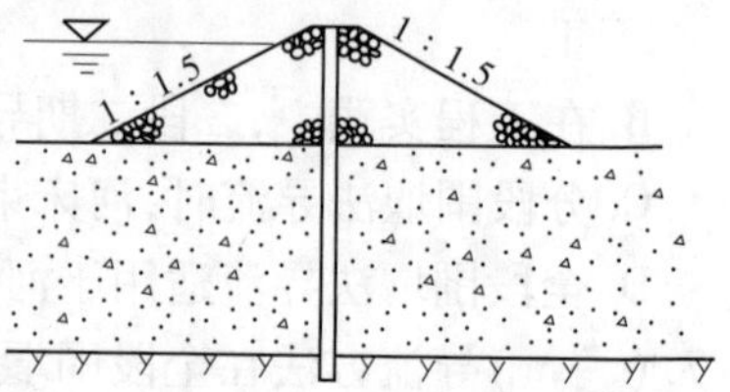

A. 帷幕灌浆式　B. 垂直防渗墙式

C. 斜墙式

D. 斜墙带水平铺盖式

17. (　　)围堰一般适用于岸坡陡峻、岩石坚实的山区河流。

A. 拱形混凝土围堰　B. 重力式混凝土　C. 土石　D. 钢板桩格

18. 钢板桩格型围堰适用于在岩石地基或混凝土基座上建造,其最大挡水水头不宜大于(　　)。

A. 10 m　B. 20 m　C. 30 m　D. 40 m

19. 圆筒形格体钢板桩格围堰工作内容包括:①安插钢板桩;②模架就位;③填充渣料;④打设钢板桩;⑤定位、打设模架支柱;⑥取出模架及支柱和填充渣料至设计高程。下列工作程序正确的是(　　)。

A. ⑤②①④③⑥　B. ⑤①④②⑥③

C. ②①④⑤⑥③　D. ①②③④⑤⑥

20. 胶凝砂砾石(CSG)围堰采用装载机拌和、自卸汽车上坝、反铲式挖掘机摊铺、振动碾碾压的施工工艺,正式施工前还应进行现场工艺试验,以确定胶凝砂砾石材料的(　　)。

A. 具体配合比　B. 设计的铺层厚度

C. 反铲式挖掘机行走速率　D. 振动碾碾重

E. 装载机拌和遍数

21. 若土坝坝身在汛前不能填筑到拦洪高程,可以考虑采用(　　)等方法度汛。

A. 预留缺口　B. 降低溢洪道高程

C. 混凝土板护面临时过水　D. 设置临时溢洪道

E. 设置临时底孔

22. 下列关于基坑排水说法错误的是( )。

A. 当采用定向爆破筑坝时,不需要组织基坑排水工作

B. 戗堤合龙闭气后,开始经常性排水

C. 基坑水位下降速度应根据围堰类型、基坑地质条件控制在允许的范围内

D. 采用明排法降水时,随着基坑底面的下降,坑底与地下水位的高差愈来愈大,容易产生边坡脱滑、坑底隆起等事故

23. 在基坑排水技术中,初期排水应考虑( )。

A. 施工弃水量　　B. 围堰渗水量

C. 基坑渗水量　　D. 基坑积水量

E. 可能的降水量

24. 喷射井点降水一般适用于渗透系数为( )m/d 的地层。

A. 100 ~ 350　　B. 10 ~ 150　　C. 3 ~ 50　　D. <5

25. 下列关于水库封堵蓄水说法错误的是( )。

A. 水库蓄水后可将导流临时泄水建筑物封堵

B. 按人与自然和谐相处的要求,环境保护因素对水库蓄水期向下游的供水有一个最小流量要求

C. 施工期蓄水历时的计算方法常用频率法和典型年法

D. 临时导流底孔封堵时需全孔堵死;导流隧洞或涵管不需要全孔堵死,只需浇筑一定长度的混凝土塞即可

历年真题练习

【2019-38】 施工导流方式一般分为( )。

A. 全段围堰导流和分段围堰导流

B. 明渠导流和涵管导流

C. 分段导流和分期围堰导流

D. 底孔导流和厂房导流

【2019-41】 截流工程中,在戗堤全线上设置防渗体的工作称为( )。

A. 合龙　　B. 闭气　　C. 封堵　　D. 进占

【2019-43】 管井法降水一般适用于渗透系数为( )m/d 的地层。

A. 10 ~ 150　　B. 1 ~ 20　　C. 100 ~ 350　　D. <5

参考答案

1. ABCD。本题考核临时性水工建筑物级别确定的依据。参见教材 P285。

2. C。本题考核临时性水工建筑物级别的确定。参见教材 P285。

3. B。本题考核临时性水工建筑物洪水标准。参见教材 P286。

4. A。本题考核临时性水工建筑物调级。参见教材 P286。

5. ABE。本题考核分段围堰导流建筑物。参见教材 P286。

6. D。本题考核分段围堰法导流特点及应用。参见教材 P286。

7. C。本题考核淹没基坑法导流的适用情形。参见教材 P287。

8. C。本题考核明渠导流的相关规定。参见教材 P288。

9. AB。本题考核辅助导流方式的应用。参见教材 P288。

10. A。本题考核截流施工过程工作内容。参见教材 P289。

11. B。本题考核截流施工过程。参见教材 P289。

12. CDE。本题考核河道截流的方法。参见教材 P290。

13. C。本题考核平堵法的施工过程和特点。参见教材 P290。

14. D。本题考核围堰的分类。参见教材 P290。

15. C。本题考核围堰的型式和构造。参见教材 P291。

16. B。本题考核土石围堰防渗墙的型式。参见教材 P291。

17. A。本题考核混凝土围堰的应用。参见教材 P292。

18. C。本题考核钢板桩格围堰的应用。参见教材 P292。

19. A。本题考核圆筒形格体钢板桩格围堰工作程序。参见教材 P293。

20. ADE。本题考核胶凝砂砾石围堰施工工艺。参见教材 P294。

21. BCD。本题考核土坝、堆石坝的度汛措施。参见教材 P295。

22. B。本题考核基坑降排水顺序和特点。参见教材 P295。

23. BCDE。本题考核初期排水水量组成。参见教材 P295。

24. C。本题考核井点降水的适用情形。参见教材 P296。

25. A。本题考核封堵蓄水。参见教材 P297。

【2019-38】 A。参见教材 P286。

【2019-41】 B。参见教材 P289。

【2019-43】 A。参见教材 P296。

第三节　施工技术

核心考点点拨

【考点 01】 土石方明挖工程

(一)土石方开挖分级。

(二)土方开挖。

1. 土方开挖的一般要求。

2. 土方开挖机械的作业特点及适用范围。

3. 人工土方开挖。

4. 土质边坡开挖支护措施。

5. 坑槽开挖注意事项。

(三)石方开挖

1. 石方开挖爆破的基本方法。

2. 坝基开挖内容及开挖方式。

3. 边坡开挖方法及适用情形。

【考点 02】　地下洞室开挖工程

(一)地下工程分类。

(二)平洞开挖。

1. 平洞的分类及用途。

2. 平洞的开挖方法及适用情形。

3. 平洞钻孔爆破工序及注意事项。

(三)斜井、竖井开挖方法及适用范围。

(四)地下厂房洞室群开挖。

1. 开挖方法及支护措施。

2. 施工排水及围岩监测。

(五)掘进机开挖。

1. 掘进机的分类及特性。

2. 掘进机的工作程序及注意事项。

(六)盾构掘进。

1. 盾构机的分类及特性。

2. 盾构机的工作程序及注意事项。

(七)顶管工作特点及程序。

【考点 03】　土石方填筑工程

(一)土石料场规划及开采加工。

(二)碾压式土石坝填筑施工。

1. 土料填筑标准及压实参数。

2. 土料压实机械类型及工作特点。

3. 坝体填筑内容及注意事项。

(三)混凝土面板堆石坝填筑施工。

1. 坝体分区及填筑标准。

2. 填筑压实参数。

3. 各区土料填筑工艺。

(四)砌石工程。

1. 胶凝材料。

2. 石料规格及砌石工程施工。

【考点 04】　混凝土工程

(一)骨料的加工、堆存与运输。

(二)混凝土拌和设备的分类。

(三)混凝土浇筑及养护。

1. 浇筑前准备作业。

2. 模板的分类、安拆及基本要求。

3. 钢筋的加工、代换和连接。

4. 入仓铺料方法及铺料时间间隔。

5. 混凝土养护方法及时间。

6. 裂缝分类及温控措施。

(四)碾压混凝土施工工艺及特点。

【考点 05】 钻孔灌浆及锚固工程

(一)灌浆工程。

1. 灌浆分类。

2. 岩石基础灌浆的方式方法。

3. 帷幕灌浆工艺流程及质量检查。

4. 固结灌浆施工工艺及技术要求。

5. 砂砾石灌浆特点及方法。

6. 隧洞灌浆施工顺序及要求。

7. 化学灌浆的特点及施工工序。

8. 高压喷射灌浆方法及形式。

(二)防渗墙。

1. 防渗墙的类型。

2. 防渗墙施工工艺。

3. 造孔成槽方法及特点。

4. 清空换浆及墙体浇筑施工技术。

5. 防渗墙的质量检查内容。

(三)锚固技术。

1. 地下洞室锚固方法及特点。

2. 边坡治理与加固方法。

典型习题

1. 水利工程施工中,将土方分为(　　)级。

A. 4　　B. 8　　C. 12　　D. 16

2. 某闸室地基为含有少量砾石的黏土,湿重度为 18.2 ~ 19.0 kN/m^3,则该土的级别为(　　)。

A. Ⅰ级　　B. Ⅱ级　　C. Ⅲ级　　D. Ⅳ级

3. 某岩石极限抗压强度为 70 MPa,则该岩石级别为(　　)。

A. Ⅶ级　　B. Ⅷ级　　C. Ⅸ级　　D. Ⅹ级

4. 土方开挖工程从开挖手段上可分为(　　)。

A. 人工开挖　　B. 平面开挖　　C. 立面开挖　　D. 机械开挖

E. 水力开挖

5. 下列工程机械中,属于挖运机械的是(　　)。

A. 推土机　　B. 正铲挖掘机　　C. 铲运机　　D. 装载机

E. 斗轮挖掘机

6.(　　)挖掘机可开挖停机面以下的Ⅰ~Ⅲ类土,也可用于河床疏浚、水下挖取泥土。

A.拉铲　B.抓铲　C.正铲　D.反铲

7.铲运机常用的开行路线包括椭圆形、"8"字形、大环形和连续式开行路线,其工作行程包括(　　)。

A.摊铺　B.运土　C.卸土　D.铲土

E.空载回驶

8.水利水电工程土基开挖施工中,当开挖临近设计高程时,应预留厚度为(　　)m的保护层,待上部结构施工时再人工挖除。

A.0.1~0.2　B.0.2~0.3　C.0.3~0.5　D.0.5~0.7

9.下列关于土质边坡开挖说法正确的有(　　)。

A.开挖时应合理地确定边坡坡度、支护措施及施工方案

B.采用自下而上、分区、分段、分层的方法依次进行

C.对于不稳定边坡的开挖,尽量避免采用爆破方式施工

D.严格施工过程质量控制,避免超、欠挖或倒坡

E.机械开挖时直接开挖至设计坡面

10.边坡支护主要有锚固、护面和支挡几种型式,下列(　　)属于支挡措施。

A.扶壁　B.块石砌护　C.喷护混凝土　D.支墩

E.挡土墙

11.坑槽开挖时,当水文地质状况良好且开挖深度在(　　)以内时,可直立开挖而不加支护。

A.1~2 m　B.2~3 m　C.3~4 m　D.4~5 m

12.水利工程常用露天导爆索药芯为黑索金,外表涂成(　　)。

A.绿色　B.黄色　C.黑色　D.红色

13.岩体爆破时,为了获得平整的轮廓面、控制超欠挖和减少爆破对保留岩体的损伤,通常采用(　　)技术。

A.洞室爆破　B.预裂爆破　C.药壶爆破　D.深孔爆破

E.光面爆破

14.深孔爆破是指(　　)。

A.孔径大于75 mm,孔深大于5 m

B.孔径小于75 mm,孔深大于5 m

C.孔径大于50 mm,孔深大于7.5 m

D.孔径小于50 mm,孔深小于7.5 m

15.与深孔爆破法比较,浅孔爆破具有(　　)的特点。

A.单位体积岩石相应钻孔工作量小　B.生产效率高

C.使用的钻孔机具较简单　D.单位耗药量低

E.便于控制开挖面形状

16.洞室爆破又称大爆破,可分为(　　)。

A. 定向爆破　　B. 深孔爆破　　C. 抛掷爆破　　D. 松动爆破
E. 浅孔爆破

17. 在河床狭窄，两岸陡峻区域修建拱坝，开挖顺序为(　　)。
A. 自下而上　　B. 自上而下
C. 上下结合　　D. 先基坑后边坡

18. 坝基开挖深度大于(　　)时，一般采用分层开挖。
A. 2 m　　B. 3 m　　C. 4 m　　D. 5 m

19. 边坡开挖方法中，(　　)主要用于有支护要求的边坡开挖，施工特点是开挖一段即支护一段。
A. 一次削坡开挖　　B. 分段跳槽开挖
C. 分台阶开挖　　D. 坡面保护性开挖

20. 如右图所示的溢洪道开挖方式属于(　　)。
A. 深孔梯段爆破开挖　　B. 扬弃爆破开挖
C. 小型洞室爆破分层开挖
D. 分块钻孔爆破开挖

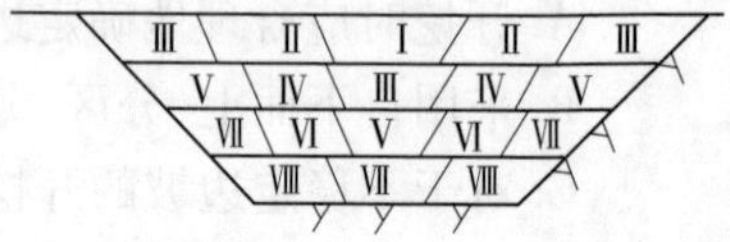

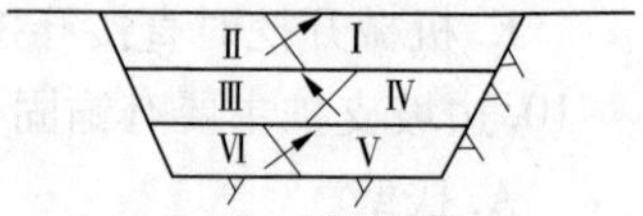

Ⅰ~Ⅶ—开挖顺序

21. 某平洞断面面积为 50 m^2，则其属于(　　)。
A. 特小断面　　B. 小断面
C. 中断面　　D. 大断面

22. 交通洞、出线洞、通风洞等不过水洞，必须做永久性支护，结构上应考虑(　　)。
A. 山岩压力　　B. 山岩压力和内水压力
C. 内水压力　　D. 山岩压力和外水压力

23. 在平洞开挖方法中，(　　)是一次开挖成型的施工方法。
A. 全断面开挖　　B. 先导洞后扩大开挖
C. 台阶扩大开挖　　D. 分部分块开挖

24. 与露天爆破相比，地下洞室爆破特点说法错误的是(　　)。
A. 钻爆作业条件差　　B. 爆破自由面多
C. 施工难度大　　D. 爆破质量要求高

25. 下列关于钻爆法平洞开挖工序说法错误的是(　　)。
A. 一次循环作业包括钻孔、装药、堵塞、起爆、通风散烟、安全检查与处理、初期支护、出渣运输等
B. 出渣运输是控制掘进速度的关键工序
C. 堵塞长度不能小于最小抵抗线。
D. 自然通风只适用在长度不超过 100 m 的短洞

26. 平洞开挖采用光面爆破控制开挖轮廓，其评价标准中围岩壁上的半孔壁保存率不低于(　　)。
A. 20%　　B. 30%　　C. 50%　　D. 70%

27. 下列属于竖井开挖中导井开挖法的是(　　)。

A. 导井辐射孔扩挖法　B. 深孔分段爆破法
C. 吊盘反向扩挖法　D. 自上而下扩挖法

28. 下列关于地下洞室群开挖说法正确的有(　　)。
A. 地下厂房开挖分层高度通常在 6 ~ 10 m
B. 主厂房施工关键,制约整个地下厂房洞室群的施工进度
C. 地下厂房二层以下可采用两侧预留保护层,中间梯段爆破的梯段开挖方式
D. 混凝土施工期间的施工废水只需经沉淀后,清水直接排出
E. 地下洞室应设观测断面,监测洞室稳定性及工作状态

29. (　　)指具有护盾保护,仅依靠管片承受掘进反力的岩石隧道掘进机,主要适用于复杂地质条件的隧道。
A. 单护盾岩石隧道掘进机　B. 双护盾岩石隧道掘进机
C. 敞开式岩石隧道掘进机　D. 盾构机

30. 下列关于岩石隧道掘进机施工说法错误的是(　　)。
A. TBM 始发前需完成初始环支撑架和起始全环管片安装
B. TBM 掘进包括推进、管片安装和换步
C. 管片拼装的顺序为先上部,再两侧,最后下部
D. 隧洞开挖面与管片衬砌环之间的空隙需先进行回填灌浆,再用豆粒石填充
E. 到达掘进前必须制订掘进机到达施工方案,做好技术交底

31. 常见的盾构机包括(　　)。
A. 敞开式　B. 单护盾式　C. 双护盾式　D. 土压平衡式
E. 泥水平衡式

32. 盾构机掘进施工准备工作包括(　　)。
A. 前期调查　B. 盾构组装与调试　C. 技术准备
D. 盾构始发与试掘进　E. 工作井施工

33. 盾构机工作过程中,壁后注浆的目的是(　　)
A. 总结出适应本工程地质条件的盾构掘进参数
B. 防止地表沉降　C. 提高开挖土体流动性　D. 提高整体性

34. 顶管施工是一种非开挖的敷设地下管道的施工方法,按顶管口径大小划分不包括(　　)顶管。
A. 中口径　B. 小口径　C. 超小口径　D. 微型

35. 水利工程土料料场规划的基本内容包括(　　)。
A. 空间　B. 移民安置　C. 时间　D. 料场质量
E. 料场储量

36. 在规划土石坝施工料场时,实际可开采总量与坝体填筑量之比最大的材料是(　　)。
A. 反滤料　B. 石料　C. 土料　D. 砂砾料

37. 下列关于土石料开采与加工说法错误的是(　　)。
A. 土料场表面的杂树、杂草、不合格的表土、砂砾等覆盖层都必须予以清除

B. 土层较厚,天然含水量接近填筑含水量,宜采用平面开采

C. 降低土料含水率的方法包括自然蒸发和掺料等

D. 超径块石料的处理方法主要有浅孔爆破法和机械破碎法

38. 某土料击实最大干密度为 2 g/cm^3,天然密度 2.16 g/cm^3,含水率为 20%,则其压实度为(　　)。

A. 80%　　B. 90%　　C. 92%　　D. 14%

39. 水库总库容为 5 亿 m^3,设计地震烈度为Ⅷ度,相应其均质土坝压实度宜采用(　　)

A. 96%　　B. 97%　　C. 98%　　D. 100%

40. 非黏性土的填筑标准中,砂砾石相对密度不应低于(　　)。

A. 0.65　　B. 0.70　　C. 0.75　　D. 0.80

41. 堆石填筑标准宜用(　　)为实际控制指标。

A. 压实度　　B. 最优含水率　　C. 相对密度　　D. 孔隙率

42. 土石坝土料填筑压实参数主要包括(　　)。

A. 碾压机具重量　　B. 相对密度　　C. 铺土厚度　　D. 碾压遍数

E. 含水率

43. 非黏性土料的碾压试验,需作出(　　)的关系曲线。

A. 干密度　　B. 压实遍数　　C. 铺土厚度　　D. 含水率

E. 强度

44. 静压机械中,(　　)适宜用于防渗体与坝壳结合部位。

A. 气胎碾　　B. 羊角碾　　C. 凸块振动碾　　D. 夯板

45. 防渗体坝面填筑主要工序包括(　　)。

A. 铺料　　B. 洒水　　C. 刨毛　　D. 压实

E. 取样检查

46. 下列关于土料防渗体施工说法错误的有(　　)。

A. 防渗体按结构型式分为心墙(斜心墙)、斜墙两类

B. 防渗体土料铺筑应垂直于坝轴线方向进行

C. 凸块振动碾压实功能大,压实后填土层面需刨毛处理

D. 黏性土料含水率调整应在料场进行

E. 粗粒残积土在碾压过程中,随着粗粒被破碎,细粒含量不断地增多,压实最优含水率也在提高,要适当补充洒水

47. 某坝面施工采用进退错距法,工作面宽 3 m,碾滚净宽 1.5 m,设计碾压遍数为 5 遍,则错距宽度为(　　)。

A. 2 m　　B. 0.6 m　　C. 0.3 m　　D. 1.2 m

48. 反滤层填筑中,土砂松坡接触平起法包括(　　)。

A. 削坡法　　B. 挡板法　　C. 先砂后土法　　D. 先土后砂法

E. 土砂交替法

49. 下列关于砂砾料铺填说法正确的有(　　)。

A. 分为卸料、铺料、界面处理、压实等工序

B. 自卸汽车卸料次序应“先粗后细”,即按“反滤料→过渡料→堆石料”次序卸料

C. 反滤层填筑必须保证其设计宽度,填土与反滤料的“犬牙交错”带宽度一般不得大于填土层厚的1.5倍

D. 反滤料压实机械普遍采用振动平碾

E. 当防渗体土料与反滤料、反滤料与过渡料或坝壳堆石料填筑齐平时,必须用平碾骑缝碾压,跨过界面至少0.5 m

50. 如下图所示的铺筑方法属于(　　)。

A. 进占法　　B. 后退法

C. 混合法　　D. 进占法倒退铺土

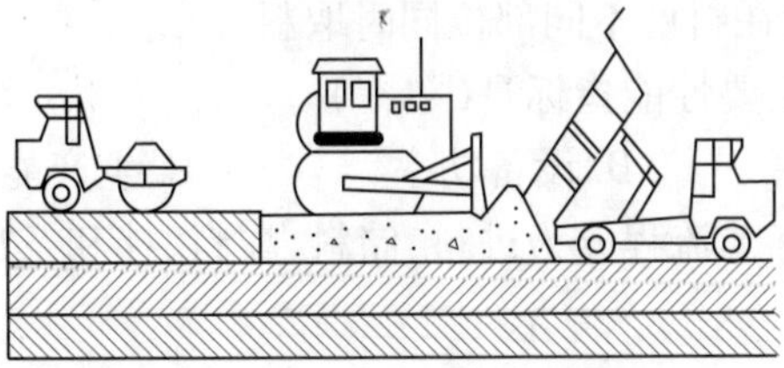

51. 垫层填筑施工中,为减轻物料的分离,铺料宜采用(　　)。

A. 后退法　　B. 进占卸料,后退铺平法

C. 进占法　　D. 进占卸料,进占铺平法

52. 土石坝施工中,坝壳料碾压施工参数包括(　　)。

A. 含水率　　B. 碾压遍数　　C. 铺料厚度

D. 振动碾行驶速度　　E. 限制物料直径

53. 混凝土面板堆石坝中,主堆石料填筑标准采用(　　)。

A. 碾压参数　　B. 含水率　　C. 干密度　　D. 相对密度

E. 孔隙率

54. 混凝土面板堆石坝填筑结束后,应检查各种石料(　　)。

A. 风化程度　　B. 级配情况　　C. 含水率　　D. 铺料厚度

E. 碾压遍数

55. 下列关于面板堆石填筑说法错误的是(　　)。

A. 主次堆石填筑时,卸料的堆与堆之间留0.6 m左右的间隙

B. 垫层区水平分层铺筑时,用三角尺或激光仪进行检查控制

C. 过渡区堆石填筑碾压应垂直于坝轴线进行

D. 周边小区料的填筑严格按碾压试验成果控制铺料厚度、碾压遍数及洒水量,用振动平板压实

56. 厚度大于20 cm,长、宽各为厚度的2~3倍,上下两面平行且大致平整,无尖角、薄边的石料称为(　　)。

A. 卵石　　B. 块石　　C. 片石　　D. 毛条石

57. 砌石体的胶凝材料主要有(　　)。

A. 水泥砂浆　B. 细骨料混凝土　C. 细石混凝土
D. 三级配混凝土　E. 四级配混凝土

58. 使用破碎机械加工碎石,常用的设备有(　　)。
A. 旋回式　B. 颚板式　C. 锤式　D. 反击式
E. 锥式

59. 下列关于骨料堆存运输说法正确的有(　　)。
A. 堆存场地应有良好的排水设施,必要时应设遮阳防雨棚
B. 各级骨料仓之间应设置隔墙等有效设施,严禁混料
C. 卸料时,粒径大于 40 mm 骨料的自由落差大于 2 m 时,应设置缓降设施
D. 储料仓应维持不小于 6 m 的堆料厚度
E. 同一级料应注意在料堆不同部位同时取料

60. 混凝土拌和机的主要性能指标是(　　)。
A. 工作容量　B. 设备功率　C. 生产能力　D. 生产效率

61. 混凝土搅拌楼按工艺流程分为进料、储料、配料、拌和及出料共 5 层,其中(　　)是全楼的控制中心。
A. 进料层　B. 储料层　C. 配料层　D. 拌和层

62. 下列运输方式中属于垂直运输的是(　　)。
A. 无轨运输　B. 有轨运输　C. 皮带机运输　D. 缆机运输

63. 混凝土浇筑前的准备作业包括(　　)。
A. 基础面处理　B. 施工缝处理　C. 入仓铺料　D. 平仓振捣
E. 立模

64. (　　)指浇筑块间临时的水平和垂直结合缝,也是新老混凝土的结合面。
A. 冷缝　B. 施工缝　C. 横缝　D. 纵缝

65. 下列关于混凝土模板说法正确的有(　　)。
A. 蜗壳或扭曲面等移动式模板形状各异,难以重复使用
B. 拆移式模板是一种常用模板,可做成定型的标准模板
C. 移动式模板多用钢模,作为浇筑混凝土墙和隧洞混凝土衬砌使用
D. 加速凝剂和采用大流动性混凝土时,可提高滑模滑升速度
E. 对于不拆除的预制混凝土模板,对模板与新浇混凝土的接合面需进行凿毛处理

66. 混凝土重力坝浇筑块成型后的偏差,不应超模板安装允许偏差的(　　)。
A. 20% ~30%　B. 30% ~40%
C. 40% ~50%　D. 50% ~100%

67. 闸室为开敞式结构,每孔净宽 6 m,该工程工作桥梁模板拆除时,其混凝土强度应达到设计强度的(　　)以上。
A. 25%　B. 50%　C. 75%　D. 100%

68. 下列关于钢筋代换的说法,正确的有(　　)。
A. 应按钢筋承载力设计值相等的原则进行代换
B. 以高一级钢筋代换低一级钢筋时,宜采用改变钢筋直径的方法来减少钢筋截面

面积

C. 以高一级钢筋代换低一级钢筋时，宜采用改变钢筋根数的方法来减少钢筋截面面积

D. 用同钢号某直径钢筋代替另外一种直径钢筋时，其直径变化范围不宜超过4 mm

E. 主筋采用同钢号的钢筋代换时，应保持间距不变

69. 钢筋在调直机上调直后，其表面伤痕不得使钢筋截面面积减少（　　）以上。

A. 5%　　B. 3%　　C. 2%　　D. 1%

70. 下列受弯构件的钢筋接头方式中，同一截面钢筋接头面积占受力钢筋总面积的百分率不符合规范规定的是（　　）。

A. 闪光对焊，受拉区 42%　　B. 绑扎，受压区 45%

C. 绑扎，受拉区 40%　　D. 机械连接，受拉区 38%

71. 如右图所示的入仓铺料属于（　　）。

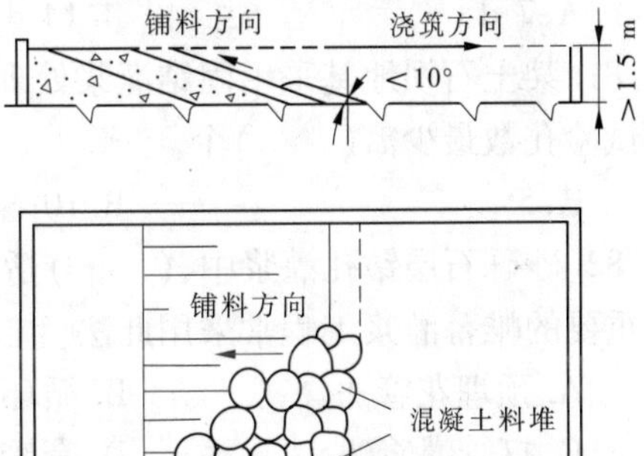

A. 整体浇筑　　B. 斜层浇筑

C. 台阶浇筑　　D. 平铺浇筑

72. 确定混凝土铺料允许间隔时间，应考虑混凝土的（　　）。

A. 终凝时间　　B. 运输能力

C. 浇筑能力　　D. 初凝时间

E. 温控要求

73. 根据《水工混凝土施工规范》（SL 677—2014）的规定，混凝土养护时间不宜少于（　　）。

A. 3 d　　B. 14 d　　C. 28 d　　D. 90 d

74. 下列关于碾压混凝土施工特点说法错误的有（　　）。

A. 采用通仓薄层浇筑，RCC 工法碾压厚度通常为 50 cm

B. 大量掺加粉煤灰，减少水泥用量

C. 一般采用值为 10 ~ 30 s 的干贫混凝土

D. 预埋冷却水管加速散热

E. 碾压前通过碾压试验确定碾压遍数及振动碾行走速度

75. 用浆液灌入岩体裂隙中以提高岩体的整体性和抗变形能力的灌浆称为（　　）灌浆。

A. 接缝　　B. 固结　　C. 接触　　D. 回填

76. 岩石基础灌浆按照灌浆方法分为（　　）。

A. 全孔一次灌浆　　B. 纯压式　　C. 循环式　　D. 分段钻灌

E. 高压灌浆

77. 下列帷幕灌浆工艺流程正确的是（　　）。

A. 钻孔→钻孔冲洗→孔壁冲洗→裂隙冲洗和压水试验→灌浆和灌浆的质量检查

B. 钻孔→孔壁冲洗→裂隙冲洗和压水试验→钻孔冲洗→灌浆和灌浆的质量检查

C. 钻孔→孔壁冲洗→钻孔冲洗→裂隙冲洗和压水试验→灌浆和灌浆的质量检查
D. 钻孔→裂隙冲洗和压水试验→孔壁冲洗→钻孔冲洗→灌浆和灌浆的质量检查

78. 多排孔帷幕灌浆施工时,其顺序为(　　)。
A. 上游排孔→下游排孔→中间排孔
B. 中间排孔→上游排孔→下游排孔
C. 上游排孔→中间排孔→下游排孔
D. 下游排孔→上游排孔→中间排孔

79. 帷幕灌浆施工完成后的质量检查应以检查(　　)为主。
A. 灌浆施工过程记录　　B. 灌浆结果标准
C. 检查孔压水试验结果　　D. 检查孔岩芯获得率

80. 帷幕灌浆检查孔压水试验应在该部位灌浆结束后(　　)进行。
A. 7 d　　B. 14 d　　C. 28 d　　D. 56 d

81. 某土石坝地基采用固结灌浆处理,总孔数为 200 个,如用单点法进行简易压水试验,试验孔数最少需(　　)个。
A. 5　　B. 10　　C. 15　　D. 20

82. 砂砾石层钻孔灌浆中,(　　)适用于任何砂砾石层,灌浆压力可以大,灌浆质量好,重要的帷幕灌浆工程常采用此法。
A. 预埋花管法　　B. 循环钻灌浆法
C. 打管灌浆法　　D. 套管灌浆法

83. 水工隧洞中,回填灌浆应在该部位衬砌强度达到设计强度(　　)后进行。
A. 40%　　B. 50%　　C. 60%　　D. 70%

84. 下列化学灌浆施工工序中,正确的是(　　)。
A. 钻孔→裂缝处理→压水试验→埋设注浆嘴和回浆嘴→封闭→注水→灌浆
B. 钻孔→裂缝处理→埋设注浆嘴和回浆嘴→压水试验→封闭→灌浆→注水
C. 钻孔→压水试验→裂缝处理→埋设注浆嘴和回浆嘴→封闭→注水→灌浆
D. 钻孔→压水试验→裂缝处理→埋设注浆嘴和回浆嘴→注水→灌浆→封闭

85. 对于成桩直径为 0.6 m 的高压喷射灌浆,施工方法宜采用(　　)。
A. 单管法　　B. 二管法　　C. 三管法　　D. 新三管法

86. 高压喷射灌浆的喷射形式有(　　)。
A. 压喷　　B. 旋喷　　C. 摆喷　　D. 循环喷
E. 定喷

87. 下列关于防渗墙施工工艺说法正确的有(　　)。
A. 导向槽安设后造孔前,应向导向槽内充灌固壁泥浆,保持泥浆液面在槽顶以下 30 ~ 50 cm
B. 槽内泥浆对槽壁所产生的侧压力通过泥皮作用在槽壁上,与地层的土侧压力及水压力形成了压力平衡,从而保证槽壁稳定
C. 固壁泥浆的制浆材料主要有膨润土、普通黏土、水以及改善泥浆性能的掺和料
D. 清孔换浆须经终孔验收合格后进行,一般要求清孔换浆以后 8 h 内开始浇筑混

凝土

E. 槽孔浇筑应严格遵循先深后浅的顺序

88. 如右图所示的槽孔成槽方法属于(　　)。

A. 钻劈法　　B. 钻抓法

C. 分层钻进法　　D. 铣削法

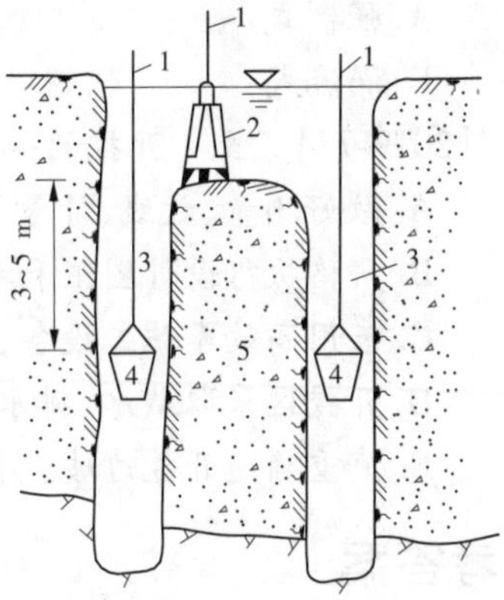

89. 下列属于防渗墙的质量检查中清孔检查内容的有(　　)。

A. 钻孔偏斜　　B. 孔底淤积厚度

C. 入岩深度　　D. 清孔质量

E. 新拌料的性能

90. 当地下洞室跨度较大或围岩较破碎时,可采用(　　)。

A. 锚杆支护　　B. 喷射混凝土支护

C. 钢筋网支护　　D. 预应力锚护

历年真题练习

【2019-37】　在土方开挖工程中,当开挖土层厚度为 0.5 m、运输距离为 200 ~500 m 时,(　　)作为合理经济的施工设备。

A. 推土机　　B. 挖掘机　　C. 铲运机　　D. 装载机

【2019-40】　土石坝填筑中,含砾和不含砾黏性土的填筑标准应以最优含水率和(　　)作为设计控制指标。

A. 压实度　　B. 干密度　　C. 湿密度　　D. 相对密度

【2019-42】　在坚硬、中等坚硬且较完整的岩石中,宜采用(　　)隧洞掘进机。

A. 单盾式　　B. 双护盾式　　C. 开敞式　　D. 跨模式

【2019-46】　隧洞灌浆时,一般先进行(　　)。

A. 帷幕灌浆　　B. 固结灌浆　　C. 回填灌浆　　D. 接触灌浆

【2019-50】　钢筋加工一般要经过四道工序,下列说法正确的是(　　)。

A. 拉伸、调直、切断、焊接　　B. 除锈、调直、切断、成型

C. 除锈、调直、弯曲、成型　　D. 除锈、拉伸、切断、成型

【2019-51】　高压喷射灌浆形成凝结体的形状与喷嘴移动方向和持续时间有密切关系。若要形成柱状体则采用(　　)。

A. 侧喷　　B. 定喷　　C. 摆喷　　D. 旋喷

【2019-73】　堆石坝施工时,堆石料和砂砾石料填筑施工前,先进行碾压试验,确定(　　)等碾压施工参数。

A. 碾重　　B. 碾压遍数　　C. 碾压速度　　D. 含水率

E. 限制物料直径

【2019-74】　碾压混凝土坝采用通仓薄层浇筑,施工碾压厚度通常为(　　) cm。

A. 20　　B. 30　　C. 50　　D. 75

E. 100

【2019-75】 混凝土搅拌机按搅拌方式分为( )。

A. 强制式　　B. 自落式　　C. 鄂板式　　D. 反击式

E. 涡流式

【2019-77】 土方开挖的一般要求主要有( )。

A. 做好测量、放线、计量等工作,确保设计的开挖轮廓尺寸

B. 严格执行设计图纸和相关施工的各项规范,确保施工质量

C. 采用高效率施工设备,确保施工进度

D. 开挖区采取截水、排水措施,防止地表水和地下水影响开挖作业

E. 慎重确定开挖边坡,制订合理的边坡支护方案,确保施工安全

参考答案

1. A。本题考核土石方级别。参见教材 P297。
2. C。本题考核土方级别的确定。参见教材 P298。
3. B。本题考核岩石级别的确定。参见教材 P299。
4. ADE。本题考核土方开挖手段。参见教材 P300。
5. AC。本题考核土方机械的分类。参见教材 P301。
6. A。本题考核土方机械的适用情形。参见教材 P302。
7. BCD。本题考核铲运机的基本作业过程。参见教材 P303。
8. B。本题考核土方开挖保护层厚度。参见教材 P304。
9. ACD。本题考核土方开挖技术。参见教材 P304。
10. ADE。本题考核边坡支护型式的分类。参见教材 P305。
11. A。本题考核坑槽开挖技术。参见教材 P305。
12. D。本题考核水利工程炸药和起爆器材。参见教材 P306。
13. BE。本题考核控制性爆破措施。参见教材 P307。
14. A。本题考核钻孔爆破的分类。参见教材 P307。
15. CE。本题考核钻孔爆破的分类和特点。参见教材 P307。
16. ACD。本题考核洞室爆破的分类。参见教材 P307。
17. B。本题考核坝基开挖程序。参见教材 P309。
18. C。本题考核坝基开挖方式的分类。参见教材 P309。
19. B。本题考核边坡开挖方法的适用情形。参见教材 P309。
20. D。本题考核溢洪道开挖方式。参见教材 P310。
21. C。本题考核平洞按断面尺寸分类。参见教材 P311。
22. A。本题考核平洞按用途分类和受力特点。参见教材 P312。
23. A。本题考核平洞开挖方法特点。参见教材 P312。
24. B。本题考核地下洞室爆破的特点。参见教材 P312。
25. D。本题考核开挖施工工序及特点。参见教材 P312。
26. C。本题考核爆破效果的标准。参见教材 P314。

27. B。本题考核斜井、竖井开挖方法的分类。参见教材 P315。
28. ACDE。本题考核地下厂房洞室群开挖。参见教材 P316。
29. A。本题考核掘进机的分类及特性。参见教材 P318。
30. CD。本题考核掘进机施工技术。参见教材 P318。
31. ADE。本题考核盾构机的分类。参见教材 P321。
32. ACE。本题考核盾构机施工准备的内容。参见教材 P321。
33. B。本题考核盾构施工壁后注浆的目的。参见教材 P322。
34. C。本题考核顶管的分类。参见教材 P323。
35. ACDE。本题考核料场规划的基本内容。参见教材 P324。
36. A。本题考核料场规划的基本要求。参见教材 P325。
37. B。本题考核土石料开采技术。参见教材 P325。
38. B。本题考核压实度的计算。参见教材 P326。
设计干密度 = 天然密度 2.16/(1 + 含水率 20%) = 1.8(g/cm^3)
压实度 = 设计干密度 1.8 g/cm^3/最大干密度 2 g/cm^3 = 90%
39. D。本题考核黏性土的碾压标准。参见教材 P326。
40. C。本题考核非黏性土体的填筑标准。参见教材 P326。
41. D。本题考核堆石填筑标准。参见教材 P326。
42. ACDE。本题考核土石坝土料填筑压实标准。参见教材 P326。
43. ABC。本题考核非黏性土料试验曲线。参见教材 P327。
44. A。本题考核碾压机械的分类及应用。参见教材 P327。
45. ADE。本题考核坝面填筑的主要工序。参见教材 P328。
46. BC。本题考核土料防渗体施工技术。参见教材 P328。
47. C。本题考核错距压实法错距宽度计算。参见教材 P329。
错距宽度 = 碾滚净宽 1.5 m/设计碾压遍数 5 遍 = 0.3 m
48. CDE。本题考核反滤料施工方法。参见教材 P330。
49. ACDE。本题考核反滤料填筑施工。参见教材 P330。
50. B。本题考核坝壳料铺填基本方法。参见教材 P331。
51. A。本题考核铺料方法的应用。参见教材 P331。
52. BCD。本题考核坝壳料碾压施工参数。参见教材 P332。
53. AE。本题考核面板堆石坝主堆石压实质量检查。参见教材 P333。
54. BDE。本题考核面板堆石坝填筑工艺。参见教材 P334。
55. C。本题考核面板堆石坝各区填筑要点。参见教材 P334。
56. B。本题考核砌石石料的规格。参见教材 P335。
57. ABC。本题考核砌石工程胶凝材料。参见教材 P335。
58. BDE。本题考核骨料破碎机械。参见教材 P336。
59. ABDE。本题考核骨料的堆存与运输。参见教材 P336。
60. A。本题考核搅拌机的性能指标。参见教材 P337。
61. C。本题考核混凝土搅拌楼的分层布置。参见教材 P337。

62. D。本题考核混凝土的运输方案。参见教材 P338。
63. ABE。本题考核混凝土浇筑准备作业。参见教材 P338。
64. B。本题考核施工缝的定义。参见教材 P339。
65. BCE。本题考核模板的分类及应用。参见教材 P339。
66. D。本题考核大体积混凝土模板成型后偏差。参见教材 P341。
67. C。本题考核承重模板的拆模时机。参见教材 P341。
68. ABDE。本题考核钢筋的代换。参见教材 P342。
69. A。本题考核钢筋的加工要求。参见教材 P342。
70. C。本题考核钢筋连接的要求。参见教材 P342。
71. B。本题考核混凝土入仓铺料方法。参见教材 P343。
72. DE。本题考核混凝土铺料间隔要求。参见教材 P344。
73. C。本题考核混凝土的养护时间。参见教材 P344。
74. AD。本题考核碾压混凝土施工特点。参见教材 P345 ~ 346。
75. B。本题考核灌浆目的的分类。参见教材 P346。
76. AD。本题考核基础灌浆方法。参见教材 P347。
77. A。本题考核帷幕灌浆工艺流程。参见教材 P348。
78. D。本题考核多排帷幕灌浆施工顺序。参见教材 P349。
79. C。本题考核帷幕灌浆质量检查。参见教材 P349。
80. B。本题考核帷幕灌浆压水试验。参见教材 P349。
81. B。本题考核固结灌浆试验孔数量。参见教材 P350。
82. A。本题考核砂砾石层灌浆方法的应用。参见教材 P350。
83. D。本题考核水工隧洞灌浆顺序及要求。参见教材 P350。
84. C。本题考核化学灌浆施工工序。参见教材 P351。
85. A。本题考核高压喷射灌浆的基本方法。参见教材 P352。
86. BCE。本题考核高压喷射灌浆的喷射形式。参见教材 P353。
87. ABCE。本题考核防渗墙施工工艺。参见教材 P354 ~ 357。
88. A。本题考核防渗墙造孔成槽方法。参见教材 P355。
89. BD。本题考核防渗墙质量检查。参见教材 P357。
90. C。本题考核锚固技术的应用。参见教材 P358。

【2019-37】 C。参见教材 P302。
【2019-40】 A。参见教材 P326。
【2019-42】 C。参见教材 P318。
【2019-46】 C。参见教材 P351。
【2019-50】 B。参见教材 P342。
【2019-51】 D。参见教材 P353。
【2019-73】 AB。参见教材 P333。
【2019-74】 BCDE。参见教材 P346。
【2019-75】 ABE。参见教材 P337。

【2019-77】 ABDE。参见教材 P300。

第四节　施工工厂设施

核心考点点拨

【考点01】 施工工厂设施及布置原则
【考点02】 施工供风供电系统
【考点03】 综合加工厂

典型习题

1. 下列关于施工工厂设施说法错误的是(　　)。

A. 施工工厂设施包括砂石加工系统,混凝土生产系统,压缩空气、供水、供电和通信系统,机械修配厂和加工厂等

B. 生活区宜与生产区分开,满足防火、安全、卫生和环境保护要求

C. 施工供水系统的任务是经济可靠地供给全工地的生产用水

D. 施工通信系统的任务是保证各种施工管理通信和水情信息迅速、准确地传递

2. 水利水电施工供风系统的主要任务是供应(　　)所需的压缩空气。

A. 石方开挖　B. 混凝土施工　C. 水泥输送
D. 机械和汽车修配厂　E. 机电设备安装

3. 下列水利工程施工用电负荷中,属于一类负荷的是(　　)。

A. 洞内照明　B. 钢筋加工　C. 混凝土搅拌　D. 木材加工

4. 施工机械修配厂,(　　)主要承担施工机械设备的大、中修和工程所需部分零配件、非标准设备、施工结构件的加工制作。

A. 工区机械修配站　B. 中心机械修配厂　C. 汽车修配厂　D. 船舶修配厂

5. 水利水电工程综合加工厂由混凝土预制件厂、钢筋加工厂和木材加工厂等组成,钢筋加工厂规模可按(　　)确定。

A. 高峰日用量　B. 高峰月用量
C. 高峰月的日平均需要量　D. 高峰年的月平均需要量

历年真题练习

【2019-45】 水利工程施工现场的防洪、泄洪设施等主要设备施工用电为(　　)类负荷。

A. 一　B. 二　C. 三　D. 四

参考答案

1. C。本题考核施工工厂设施分类及布置。参见教材 P360。

2. ABCE。本题考核施工供风系统。参见教材 P360。

3. A。本题考核施工用电负荷的分类。参见教材 P361。
4. B。本题考核机械修配厂的分类和作用。参见教材 P362。
5. C。本题考核钢筋加工厂规模的确定。参见教材 P362。
【2019-45】 A。参见教材 P361。

第五节 施工总布置

核心考点点拨

【考点 01】 施工总布置原则
【考点 02】 施工场地选择与施工分区规划
(一)施工场地选择的原则和步骤。
(二)施工区域划分和布置原则。
【考点 03】 施工对外交通与场内交通
【考点 04】 施工管理及生活福利区
【考点 05】 土石方平衡的方法和原则

典型习题

1. (　　)是施工场区在施工期间的空间规划。
A. 施工工厂设施　B. 施工总布置　C. 施工进度计划　D. 施工总进度
2. 下列关于施工总布置原则说法错误的是(　　)。
A. 遵循施工临建与永久利用相结合、因地制宜、因时制宜、有利生产、方便生活、节约用地、易于管理、安全可靠和经济合理的原则
B. 方案规划应符合环境保护、水土保持的有关规定
C. 宜采用有利于施工半封闭管理的布置方案
D. 合理规划布置渣场,做好土石方挖填方平衡,尽量避免物料二次倒运
3. 下列关于施工场地选择基本原则说法错误的是(　　)。
A. 施工场地宜选在枢纽上游的水库区
B. 位于枢纽下游的施工场地,其整平高程应能满足防洪要求
C. 施工场地应避开不良地质地段,考虑边坡的稳定性
D. 研究与地方经济发展规划相结合的可能性
4. 施工场地选择的第一步是(　　)。
A. 布置供风、供水和供电系统
B. 规划场内交通线路
C. 拟订可能的区域规划方案
D. 确定临时建筑项目,初步估算各项目的建筑物面积和占地面积
5. 下列关于施工分区规划说法错误的是(　　)。
A. 区域规划分为集中布置、分散布置、混合布置

B. 金属结构安装场地要远离主要安装地点

C. 生产、生活设施应有明显界限

D. 施工现场总体规划是解决施工总体布置的关键

6. 对外及场内交通应保持运物畅通、设施及标志齐全，满足(　　)的要求。

A. 安全　　B. 卫生　　C. 防火　　D. 环境保护

E. 水土保持

7. 下列关于施工房屋建筑工程说法错误的是(　　)。

A. 砂石骨料、砖、木材、煤炭存储仓库多用露天式

B. 办公建筑一般可分为工程局机关、分局或工区机关、工段或队办公室三级

C. 公共建筑规划布置的主要工作是合理确定公共建筑的项目内容、核定面积定额、计算指标及合理配置

D. 南方居住建筑以保证冬季获得必要的日照时间和质量、防止寒风吹袭为主要条件

8. 储藏钢筋、钢材及某些机械设备的棚式结构，棚顶高度应不低于(　　)，以利搬运和通风。

A. 3.5 m　　B. 4.0 m　　C. 4.5 m　　D. 5.0 m

9. 开挖土石料的利用和弃置，要考虑(　　)。

A. 数量的平衡　　B. 时间的平衡　　C. 质量　　D. 环境保护

E. 经济效益

10. 评价土地平衡调配合理性的主要指标是(　　)。

A. 运输费用　　B. 运输距离　　C. 运输时间　　D. 运输条件

历年真题练习

【2019-48】　施工总布置方案应贯彻执行(　　)的方针。

A. 因地制宜　　B. 有利生产

C. 经济合理　　D. 合理利用土地

【2019-76】　土石方平衡调配的基本原则是(　　)。

A. 料尽其用　　B. 因地制宜　　C. 时间匹配　　D. 易于管理

E. 容量适度

参考答案

1. B。本题考核施工总布置的作用。参见教材 P363。

2. C。本题考核施工总布置的原则。参见教材 P363。

3. A。本题考核施工场地选择的基本原则。参见教材 P364。

4. D。本题考核施工场地选择的步骤。参见教材 P364。

5. B。本题考核施工分区规划。参见教材 P365。

6. ADE。本题考核对外及场内交通布置要求。参见教材 P366。

7. D。本题考核施工房屋建筑工程的设置。参见教材 P366。

8. C。本题考核棚式仓库的设置。参见教材 P366。

9. ABCE。本题考核开挖土石料的利用和弃置原则。参见教材 P367。

10. A。本题考核土石方平衡调配判断指标。参见教材 P368。

【2019-48】 D。参见教材 P363。

【2019-76】 ACE。参见教材 P368。

第六节　施工总进度

核心考点点拨

【考点 01】 施工工期划分及施工总进度编制原则

【考点 02】 施工总进度计划的控制方法

(一)横道图的优缺点及应用。

(二)S 形曲线的要素和比较。

(三)香蕉形曲线图。

(四)网络计划。

1. 关键工作和关键线路的确定。

2. 网络计划的优化。

【考点 03】 进度计划的调整

典型习题

1. 下列关于施工总进度说法错误的是(　　)。

A. 施工总进度计划是施工部署在时间上的体现

B. 主体工程施工期起点以控制总进度的非关键线路上的项目施工起点计算

C. 编制时采用先进、合理的指标和方法安排工期

D. 在保证工程质量与建设总工期的前提下,应研究提前发电和使投资效益最大化的施工措施

2. 根据《水利水电工程施工组织设计规范》(SL 303—2017),水利工程建设项目施工总工期是指(　　)等项工期之和。

A. 工程筹建期　　B. 工程准备期　　C. 主体工程施工期

D. 工程完建期　　E. 工程试运行期

3. 下列不属于工程准备期的是(　　)。

A. 对外交通　　B. 场地平整

C. 场内交通　　D. 施工工厂设施

4. 主体工程施工期起点,以控制总进度的关键线路上的项目施工起点计算,当控制工期的项目是拦河坝时,主体工程施工起点确定为(　　)。

A. 厂房主体土建工程施工或地下厂房顶拱开挖

B. 输水系统主体工程施工

C. 主河床截流

D. 上(下)水库工程施工

5. 某分部工程的成本计划数据如下表所示,则第五周的施工成本计划值是(　　)。

编码	项目名称	时间(周)	费用强度(万元/周)	工程进度(周)											
				1	2	3	4	5	6	7	8	9	10	11	12
11	场地平整	1	20												
12	土方开挖	4	30												
13	基础垫层	4	45												
14	混凝土基础	6	80												
15	土方回填	3	30												

A. 75　　B. 155　　C. 80　　D. 125

6. 某堤防工程,工程量统计表及工程进度曲线如下所示,下列说法正确的有(　　)。(工程量单位 m^3)

时间	0~10(d)	10~20(d)	20~30(d)	30~40(d)
计划	2 100	2 400	2 600	2 900
实际	2 000	2 580	2 370	3 050

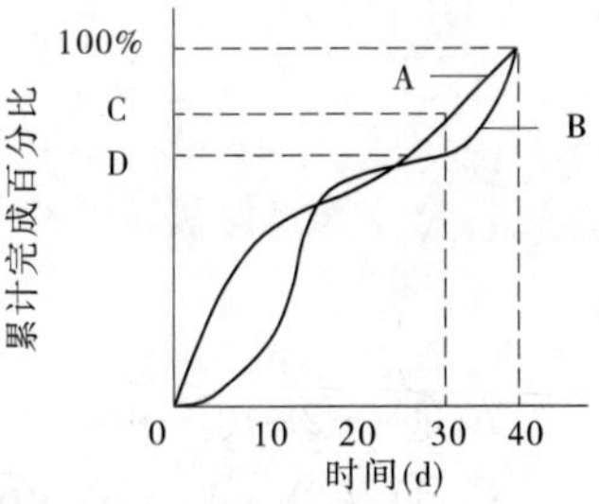

A. B 代表计划曲线

B. 第 30 天末计划完成 2 600 m^3 的工程量

C. 第 20 天末实际完成 4 580 m^3 的工程量

D. C 表示 7 100 m^3

E. 第 30 天末拖延 1.5% 的工程量

7. 某工作工程进度曲线如下图所示,说法正确的是(　　)。

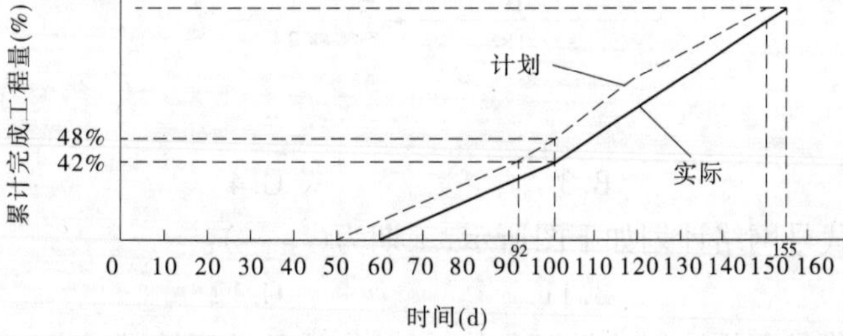

A. 计划工期为 150 d

B. 该工作实际持续 155 d

C. 第 100 天末该工作超前 6% 的工程量

D. 完成工程量 42% 该工作完成 2 d 的赶工任务

8. 香蕉形曲线是利用同一时间开始、同一时间结束的(　　)曲线组合而成的。

A. ES、EF　　B. ES、LS　　C. LS、EF　　D. LS、LF

9. 下列关于关键工作说法正确的是(　　)。

A. 总时差为 0 的工作为关键工作

B. 关键线路上的工作全部是关键工作

C. 持续时间最长的工作为关键工作

D. 双代号时标网络计划中不出现波形线的工作是关键工作

10. 下列关于关键线路说法正确的是(　　)。

A. 网络计划可能没有关键线路

B. 全部由关键工作组成的线路为关键线路

C. 关键线路上不允许出现虚工作

D. 在非搭接网络计划中持续时间最长的线路为关键线路

11. 某双代号网络计划如下图所示,其关键线路为(　　)。

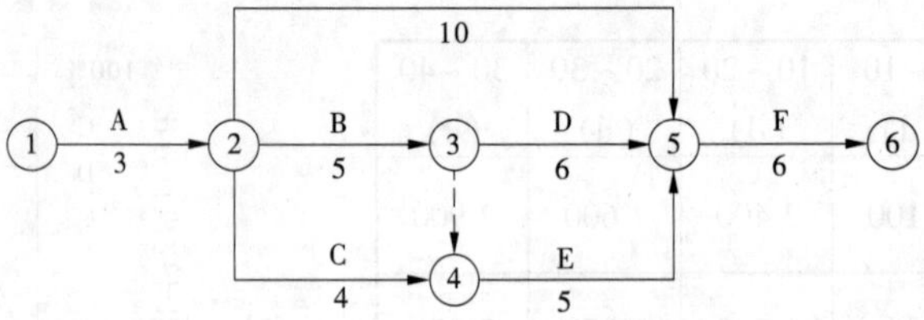

A. ①→②→⑤→⑥　　B. ①→②→③→④→⑤→⑥

C. ①→②→④→⑤→⑥　　D. ①→②→③→⑤→⑥

12. 某工程双代号网络计划如下图所示(时间单位:d),其关键线路有(　　)条。

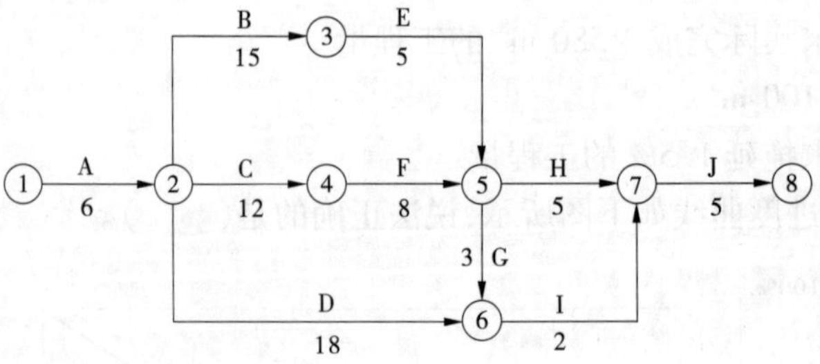

A. 2　　B. 3　　C. 4　　D. 5

13. 某工程双代号网络计划如下图所示,工期为(　　)。

A. 9　　B. 11　　C. 12　　D. 13

14. 在计算双代号网络计划的时间参数时,工作的最早开始时间应为其所有紧前工作(　　)。

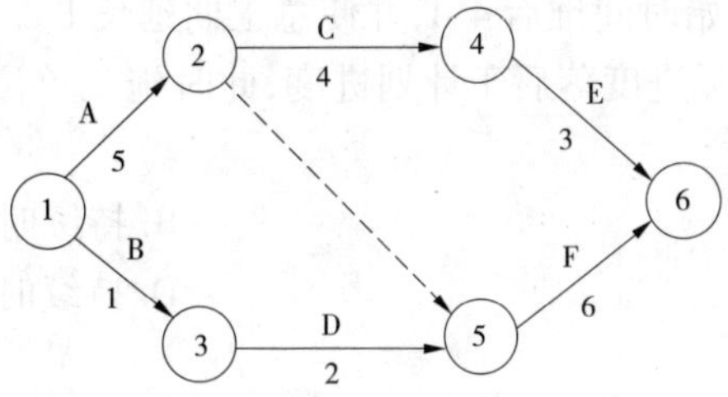

A. 最早完成时间的最小值　　B. 最早完成时间的最大值

C. 最迟完成时间的最小值　　D. 最迟完成时间的最大值

15. 工作 A、B 为工作 C 的紧前工作，A、B 两项工作的最早开始时间分别为第 6 d 和第 7 d，持续时间分别为 4 d 和 5 d，则工作 C 的最早开始时间为第(　　)。

A. 10 天　　B. 11 天　　C. 12 天　　D. 13 天

16. 某网络计划中，工作 A 有两项紧后工作 C 和 D，C、D 工作的持续时间分别为 12 d、7 d，C、D 工作的最迟完成时间分别为第 18 天、第 10 天，则工作 A 的最迟完成时间是第(　　)天。

A. 3　　B. 5　　C. 6　　D. 8

17. 如下图所示，下列关于双代号时标网络计划说法错误的是(　　)。

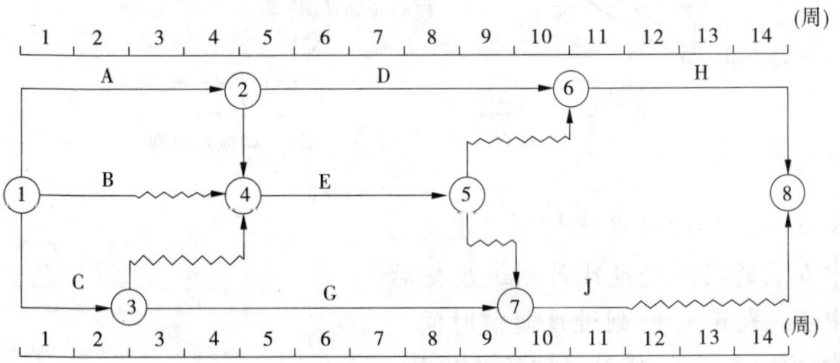

A. A 工作持续时间为 4 d　　B. B 工作具有 2 d 的自由时差

C. C 工作为关键工作　　D. 工期为 14 d

18. 网络计划优化的目标包括(　　)。

A. 工期目标　　B. 质量目标　　C. 安全目标　　D. 费用目标

E. 资源目标

19. 某工程网络计划中，M 工作计划时间为 6 d，自由时差为 2 d，总时差为 5 d，实际施工中 M 工作时间为 10 d，则工作 M 实际进度(　　)。

A. 使总工期延长 4 d，但不影响后续工作正常进行

B. 既不影响总进度，也不影响其紧后工作的正常进行

C. 不影响总进度，但将该工作的紧后工作的最早开始时间后延了 2 d

D. 其后续工作的开始时间推后 4 d,并使总工期延长 1 d

20. 某堤防施工时,实际进度落后于计划进度,此时施工单位应采取压缩(　　)持续时间进行调整。

A. 关键工作　　B. 持续时间最短的工作

C. 非关键工作　　D. 持续时间最长的工作

历年真题练习

【2019-44】 某工程筹建期 13 个月,工程准备期 12 个月,主体工程施工期 32 个月,工程完建期 8 个月,工程施工总工期为(　　)个月。

A. 65　　B. 52　　C. 53　　D. 40

【2019-52】 某水利工程项目进度控制工程师事先绘制进度计划的 S 形曲线。在项目施工过程中,每隔一定时间按项目实际进度情况绘制完工进度计划的 S 形曲线,并与原计划的 S 形曲线进行比较,如下图所示,以下说法错误的是(　　)。

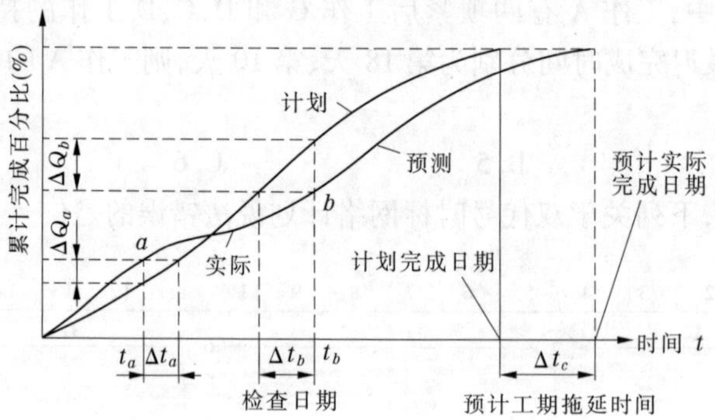

A. 图中 a 点的实际进度比计划进度超前

B. 图中 b 点的实际进度比计划进度拖后

C. 图中 Δt_a 表示 t_a 时刻进度超前时间

D. 图中 ΔQ_b 表示 t_b 时刻超前的工程量

【2019-78】 下列关于施工网络计划时间参数计算说法正确的有(　　)。

A. 时差就是每道工序的机动时间,时差越大,机动范围越大

B. 工序最迟必须完成时间就是最迟必须开始时间加上本工序作业时间

C. 计算工序最早可能开始时间,当有几个紧前工序时,计算结果应取其中最小值

D. 工序最早可能完成时间就是本工序作业最早可能开始时间加上本工序作业时间

E. 计算工序最迟可能完成时间,当有几个紧后工序时,计算结果应取其中最大值

参考答案

1. B。本题考核施工总进度作用和编制原则。参见教材 P368。

2. BCD。本题考核施工总工期的施工时段。参见教材 P369。

3. A。本题考核工程准备期的内容。参见教材 P369。

4.C。本题考核施工起点的选择。参见教材P369。

5.B。本题考核横道图的计算。参见教材P370。

6.CE。本题考核工程进度曲线要素及应用。参见教材P371。

第10天末,计划量为2 100 m^3,实际量为2 000 m^3,计划大于实际,则A为计划曲线,B为实际曲线,选项A错误;

第30天末计划完成工程量=2 100+2 400+2 600=7 100(m^3),选项B错误;

第20天末实际完成工程量=2 000+2 580=4 580(m^3),选项C正确;

C表示第30天末表示计划完成量占总工程量的百分比,即(2 100+2 400+2 600)/(2 100+2 400+2 600+2 900)=71%,选项D错误;

D表示第30天末,实际完成量占总工程量的百分比,即(2 000+2 580+2 370)/(2 000+2 580+2 370+3 050)=69.5%,实际比计划拖延了1.5%的工程量,选项E正确。

7.D。本题考核工程进度曲线的应用。参见教材P371。

计划工期=150-50=100(d),选项A错误;

实际工期=155-60=95(d),选项B错误;

第100天末,计划工程量为48%,实际工程量为42%,实际比计划拖延了6%的工程量,选项C错误;

完成42%的工程量,计划时间=92-50=42(d),实际时间=100-60=40(d),实际比计划少用2 d,完成了2 d的赶工任务。

8.B。本题考核香蕉形曲线的绘制。参见教材P371。

9.B。本题考核关键工作的定义。参见教材P372。

10.D。本题考核关键线路的定义。参见教材P372。

11.D。本题考核关键线路的计算。参见教材P372。

12.C。本题考核关键线路的判断。参见教材P372。

关键线路为:①A→B→E→H→J;②A→B→E→G→I→J;③A→C→F→H→J;④A→C→F→G→I→J。工期36 d。

13.C。本题考核工期的计算。参见教材P372。

关键线路为A→C→E,持续时间为12 d。

14.B。本题考核最早开始时间的计算公式。参见教材P372。

15.C。本题考核最早开始时间计算。参见教材P372。

工作C最早开始时间=有紧前工作最早完成的最大值max[(A的开始时间第6天+持续时间4 d)(B的开始时间第7 d+持续时间5 d)]=max[10,12]第12天

16.A。本题考核最迟时间计算。

A的最迟完成时间=所有紧后工作最迟开始的最小值min[(C的最迟完成时间第18天-持续时间12 d)(D的最迟完成时间第10天-持续时间7 d)]=min[6,3]=3 d

17.C。本题考核双代号时标网络计划,关键线路为A→D→H,关键工作为A、D、H,选项C错误。参见教材P372。

18.ADE。本题考核网络计划优化。参见教材P372。

19. C。本题考核进度偏差的分析。参见教材 P372。

20. A。本题考核工期的压缩。参见教材 P373。

【2019-44】 B。参见教材 P369。

【2019-52】 D。参见教材 P371。

【2019-78】 ABD。参见教材 P373。

第六章　工程计量

第一节　工程计量的基本原理与方法

核心考点点拨

【考点01】　工程计量

(一)工程量计量特点。

(二)工程量作用及计量单位。

(三)工程量计算规定及清单计价规范。

【考点02】　工程量计算的基本要求

【考点03】　工程量计算的依据

【考点04】　水利工程工程量分类及造价中的处理

【考点05】　水利工程计量标准规范

(一)《水利水电工程设计工程量计算规定》(SL 328—2005)。

(二)《水利工程工程量清单计价规范》(GB 50501—2007)。

(三)设计工程量计算规定与清单计价规范的联系与区别。

【考点06】　标准施工招标文件中的工程量清单

【考点07】　工程量计算顺序及方法

典型习题

1.下列关于工程量与工程计量说法正确的有(　　)。

A.工程计量具有多阶段性和多次性

B.水利工程计量是指投标报价以及合同履约阶段的变更、索赔、支付和结算中工程量的计算和确认

C.在施工阶段,水利工程计量主要根据合同约定、施工图纸及工程量计算规则对已完成工程量进行计算和确认

D.初设阶段工程量是进行造价文件编制的重要基础,是项目决策的重要依据

E.工程量是建设单位管理工程建设、承包单位生产经营管理的重要依据

2.下列(　　)属于物理计量单位。

A.个　　B.台　　C.立方米　　D.面

3.《水利水电工程设计工程量计算规定》(SL 328—2005))适用于大型、中型水利水电工程项目的(　　)设计工程量计算。

A.项目建议书　　B.可行性研究阶段

C.初步设计　　D.施工建设阶段

E.完工阶段

4.下列关于工程量计算要求说法错误的是(　　)。

A.设计工程量计算单位应同定额的计算单位相一致

B.招标投标阶段的工程量清单编制应执行《水利工程工程量清单计价规范》(GB 50501—2007)

C.工程量计算时如国家标准未做规定,可参考厂家合格证书或产品说明书

D.工程量计算应包括材料在建筑安装施工过程中的损耗量

5.工程量应按照一定的工程量计算规则逐项进行,其计算依据包括(　　)。

A.国家、地方和行业发布的概、预算定额　B.设计图纸及其说明

C.工程结算文件　D.验收申请报告

E.工程施工合同

6.图纸工程量是指(　　)。

A.按建筑物或工程的设计几何轮廓尺寸计算出的工程量

B.设计工程量乘以工程量阶段系数

C.施工超挖量、超填量及施工附加量

D.图纸工程量与施工损失量之和

7.下列关于设计工程量说法错误的是(　　)。

A.图纸工程量乘以工程量阶段系数就是设计工程量

B.采用概算定额或预算定额时需要提供的设计工程量是相同的

C.现行概、预算定额均指水利部发布的概、预算定额

D.采用预算定额,电缆头和电缆管需要单独计量和计价

8.下列关于施工超挖量、超填量及施工附加量说法错误的是(　　)。

A.建筑物施工开挖一般不允许欠挖,但超挖不可避免

B.隧洞开挖中的错车洞、避炮洞属于施工附加量

C.概算定额确定后不得再进行调整

D.使用预算定额时,应另行按有关规定及工程实际资料计算施工中超挖、超填量和施工附加量

9.下列属于施工损失量的有(　　)。

A.隧洞开挖的错车洞

B.施工超挖量相应增加的超填量

C.土石坝操作损耗

D.施工期沉陷损失量

E.土石坝雨后清理损失量

10.现行的概、预算定额中均已计入(　　)。

A.场内操作运输损耗量

B.施工超挖量

C.隧洞中避炮洞的工程量

D.施工超填量

E.土石方填筑质量检测所需试验坑

11.某工程采用《水利工程工程量清算单计价规范》(GB 50501—2007)计价，招标人提供的工程量清单中挖土方的工程量为2 600 m^3，为了施工安全施工单位开挖时进行放坡处理，总挖土方作业量为3 300 m^3，完成该分项工程的总费用101 000元，其中放坡开挖费用为14 000元，其他因素均不考虑，投标人应报的综合单价为(　　)元/m^3。

A.20　　B.30.6　　C.33.5　　D.38.85

12.《水利水电工程设计工程量计算规定》(SL 328—2005)正文部分包括(　　)。

A.总则　　B.永久性工程建筑工程量

C.附录　　D.施工临时性工程工程量

E.金属结构工程量

13.下列关于《水利水电工程设计工程量计算规定》(SL 328—2005)中项目划分说法错误的是(　　)。

A.根据水利水电工程性质分枢纽工程、引水工程及河道工程

B.工程各部分下设一级、二级、三级项目，确定后不得更改

C.编制概、估算时，对于土方开挖工程应将土方开挖与砂砾石开挖分列

D.建筑工程项目按枢纽工程、引水工程及河道工程进行划分

14.根据设计工程量计算规定，水利工程项目包括(　　)。

A.枢纽工程　　B.施工临时性工程

C.建筑工程　　D.机电设备及安装工程

E.引水工程

15.下列属于建筑工程中枢纽工程一级项目的有(　　)。

A.挡水工程　　B.供电线路工程

C.交通工程　　D.渠道工程

E.鱼道工程

16.下列不属于机电设备及安装工程中引水及河道工程一级项目的是(　　)。

A.小水电站设备及安装工程　　B.泵站设备及安装工程

C.发电设备及安装工程　　D.公用设备及安装工程

17.下列属于施工临时性工程二级项目的是(　　)。

A.土石围堰　　B.施工供电工程　　C.房屋建筑工程　　D.其他临时性工程

18.下列关于《水利工程工程量清单计价规范》(GB 50501—2007)说法错误的是(　　)。

A.规范水利工程工程量清单计价行为，统一水利工程工程量清单的编制和计价方法

B.工程量清单应由具有编制招标文件能力的投标人编制

C.工程量清单计价规范包括正文、附录和规范用词说明

D.工程量清单应作为招标文件的组成部分

19.根据《水利工程工程量清单计价规范》(GB 50501—2007)，工程量清单包括(　　)。

A.税金项目清单 B.措施项目清单
C.其他项目清单 D.规费项目清单
E.分部分项工程工程量清单

20.分类分项工程工程量清单包括( )。
A.序号 B.金额
C.型号规格 D.计量单位
E.主要技术条款编码

21.水利水电工程编码中,七、八、九位为( )。
A.水利工程顺序码 B.分类工程顺序码 C.分项工程顺序码 D.清单顺序码

22.( )是表征构成分类分项工程项目自身价值的本质特征,是对体现项目清单价值的特有属性和本质特征的描述。
A.项目名称 B.工程量计算规则 C.工作内容 D.项目主要特征

23.下列关于工程量清单编制说法错误的是( )。
A.同一招标工程的项目编码不得有重码
B.工程量清单中出现附录中未包括的项目时,编制人可做补充
C.工程量计算原则是按招标设计图示尺寸(数量)计算清单项目工程数量的净值
D.工作内容体现的是完成一个合格的清单项目需要具体做的施工作业和操作程序,编制清单时必须需要描述工作内容

24.下列关于工程量清单格式说法正确的有( )。
A.招标人供应材料应说明材料供应的边界条件
B.凡能列出工程数量并按单价结算的措施项目,均应列入分类分项清单
C.分类分项工程工程量清单填写时,项目编码、项目名称、计量单位,投标人根据施工需要填写
D.工程量清单格式由分类分项工程工程量清单、措施项目清单、其他项目清单、零星工作项目清单、其他辅助表格组成
E.零星工作项目中人工按工种,以工日或工时计量

25.工程量清单计价规范按( )划分,工程各部分下设一级、二级、三级项目。
A.建筑工程 B.安装工程
C.临时性工程 D.设备工程
E.其他工程

26.下列关于设计工程量计算规定与工程量清单计价规范的联系与区别说法错误的有( )。
A.工程量计算规则基本原则一致,都是按设计图纸尺寸计算
B.二者项目划分基本一致
C.两者的适用范围不同,工程量清单计价规范侧重于招标投标阶段的招标工程量清单的计算
D.两者的表现形式不同,设计工程量计算规定中的各工程项目没有统一编码

27.某土方工程甲、乙清单量分别为2 000 m^3、3 000 m^3，甲采用单价计量，综合单价为15元/m^3，乙采用总价计量，综合单价为22元/m^3，约定当时工程量增加超过10%时，超出部分单价调整为90%。经工程师测量，承包商实际完成的土方量为2 300 m^3、3 500 m^3，则该土方工程价款是（　　）元。

A.100 350　B.100 050　C.111 350　D.111 050

28.按一定顺序计算工程量的目的是防止漏项、少算或重复多算的现象发生，对于挡水工程计算时先算大坝、交通等永久性建筑工程，再算施工导流、施工交通等施工临时性工程，最后算机电、金属结构设备及安装工程，属于按（　　）顺序计算。

A.专业顺序　B.工程量计算规则

C.施工顺序　D.现行概、预算定额的章节顺序

29.按一定顺序计算工程量的目的是防止漏项、少算或重复多算的现象发生，单个分项工程宜采用按（　　）计算顺序。

A.专业顺序　B.工程量计算规则

C.按图纸上定位桩号计算法　D.施工顺序

E.按图纸上工程部位编号顺序计算法

30.ZDM CAD属于水利工程二维算量软件，包括通用功能部分和专业部分，涵盖（　　）专业模块。

A.土建　B.市政　C.通风　D.管道

E.电气

历年真题练习

【2019-53】　根据《水利水电工程设计工程量计算规定》（SL 328—2005），编制设计概算采用的设计工程量是（　　）。

A.图纸工程量

B.图纸工程量加超挖超填量

C.图纸工程量加施工附加量

D.图纸工程量乘以设计工程量阶段系数后的工程量

【2019-69】　根据水利部发布的《水利工程设计概（估）算编制规定》，水利工程按工程性质划分为（　　）三大类。

A.枢纽工程　B.引水工程　C.灌溉工程　D.河道工程

E.堤防工程

参考答案

1.ACE。本题考核工程计量的含义及作用。参见教材P374。

2.C。本题考核工程量计量单位。参见教材P374。

3.ABC。本题考核设计工程计算规定的应用。参见教材P375。

4.D。本题考核工程量计算的要求。参见教材P376。

5.ABE。本题考核工程量计算的依据。参见教材 P376。

6.A。本题考核水利工程工程量的分类。参见教材 P376。

7.B。本题考核设计工程量的定义和应用。参见教材 P377。

8.C。本题考核施工超挖量、超填量及施工附加量的内容及计量要求。参见教材 P377。

9.CDE。本题考核施工损失量的类型。参见教材 P377。

10.AE。本题考核现行概、预算定额的区别。参见教材 P377。

11.D。本题考核清单工程量的计算。参见教材 P378。

综合单价=总费用 101 000 元/有效工程量 2 600 m^3=38.85 元/m^3

12.ABDE。本题考核设计工程量计算规定正文内容。参见教材 P378。

13.B。本题考核水利工程项目划分。参见教材 P378。

14.BCD。本题考核水利工程项目的组成部分。参见教材 P378。

15.ACE。本题考核建筑工程中枢纽工程一级项目组成。参见教材 P378。

16.C。本题考核机电设备及安装工程中引水及河道工程一级项目组成。参见教材 P379。

17.A。本题考核施工临时工程二级项目组成。参见教材 P379。

18.B。本题考核工程量清单的作用和编制。参见教材 P380。

19.BCE。本题考核工程量清单的组成。参见教材 P380。

20.ADE。本题考核分类分项工程工程量清单组成。参见教材 P380。

21.C。本题考核分类分项清单编码。参见教材 P380。

22.D。本题考核分类分项工程工程量清单组成。参见教材 P381。

23.D。本题考核工程量清单的编制。参见教材 P381。

24.ABE。本题考核工程量清单格式的填写。参见教材 P381。

25.AB。本题考核工程量清单计价项目划分。参见教材 P382。

26.B。本题考核设计工程量计算规定与工程量清单计价规范的联系与区别。参见教材 P382。

27.A。本题考核单价子目与总价子目的计算。参见教材 P383。

甲工程价款=2 000×(1+10%)×15+[2 300−2 000×(1+10%)]×15×90%=34 350(元)

乙工程价款=3 000×22=66 000(元)

则工程总价款=34 350+66 000=100 350(元)

28.A。本题考核独立建筑物的计算顺序。参见教材 P384。

29.CE。本题考核单个分项工程的计算顺序。参见教材 P384。

30.ADE。本题考核图形算量软件的应用。参见教材 P385。

【2019-53】 D。参见教材 P375。

【2019-69】 ABD。参见教材 P378。

第二节　水利工程设计工程量计算规定

核心考点点拨

【考点01】　永久性工程建筑工程量

(一)土石方工程。

1.设计工程量计算的原则和方法。

2.土石方开挖工程量的计算公式。

3.石方开挖过程中的超挖量及附加量。

(二)混凝土工程。

1.设计工程量的计算原则和方法。

2.定额计算量。

(三)模板工程。

1.设计工程量的计算原则和方法。

2.定额计算量。

(四)钻孔灌浆与锚固工程量。

1.设计工程量的计算原则和方法。

2.定额计算量。

(五)疏浚工程。

1.设计工程量计算原则和方法。

2.定额计算量。

(六)其他工程。

【考点02】　施工临时性工程量及阶段系数

【考点03】　机电设备和金属结构设备工程量

【考点04】　工程量阶段系数

典型习题

1.下列关于土石方开挖说法错误的是(　　)。

A.除冻土外，按Ⅰ～Ⅳ级划分土类级别

B.石方按照的Ⅴ～ⅩⅥ级划分

C.将不同等级的土石方分开分别计算，以压实方计量

D.土石方开挖应区分明挖和暗挖

2.一般土方开挖是指(　　)。

A.一般明挖土方工程

B.上口宽超过 16 m 的渠道

C.上口宽小于或等于 16 m 的渠道

D.上口面积小于或等于 80 m^2 的柱坑的土方工程

E.上口面积大于 80 m^2 的柱坑的土方工程

3.下列工程类别中,属于沟槽土方开挖的是(　　)。

A.截水墙　　B.集水坑　　C.齿墙　　D.柱坑

E.电缆沟

4.下列一般石方开挖的是(　　)。

A.底宽超过 7 m 的沟槽石方开挖

B.底宽小于或等于 7 m,两侧垂直或有边坡的长条形石方开挖

C.指上口面积小于或等于 160 m^2 的石方开挖

D.设计倾角大于 20°,且垂直于设计面的平均厚度小于或者等于 5 m 的石方开挖

5.平洞石方开挖是指(　　)石方洞挖工程。

A.水平夹角大于 6°、断面面积大于 2.5 m^2

B.水平夹角小于或等于 6°、断面面积大于 2.5 m^2

C.水平夹角大于 6°

D.水平夹角小于或等于 6°

6.地下工程石方开挖,必须按(　　)的施工方法计算工程量。

A.预裂爆破　　B.光面爆破　　C.深孔爆破　　D.浅孔爆破

7.抛投工程量应按不同(　　)分别计算,以建筑砌体方计量。

A.抛投部位　　B.抛投机械　　C.抛投材料　　D.抛投方式

E.抛投人员

8.某地槽工程底部宽度为 3 m,长度为 100 m,地槽深度为 2 m,放坡坡度系数为 0.3,则其挖方体积为(　　) m^2。

A.120　　B.600　　C.720　　D.840

9.某地坑工程底部宽度为 3 m,长度为 10 m,地坑深度为 2 m,放坡坡度系数为 0.3,则其挖方体积为(　　)m^3。

A.92.16　　B.76.56　　C.70.68　　D.60

10.某放坡圆形地坑坑深 5 m,坑底圆直径为 4 m,坑上口直径为 6 m,则其挖方体积为(　　)πm^3。

A.31.7　　B.42.7　　C.101.7　　D.126.7

11.下列关于横断面计算法说法错误的是(　　)。

A.适于地形起伏变化较大地区采用,计算较简便

B.横断面划分原则为垂直等高线,或垂直主要建筑物边长

C.横截面之间的间距应相等,地形变化复杂的间距宜大些,反之宜小些,但最大不超过 100 m

D.设计地面轮廓线与自然地面轮廓线间为填方截面和挖方截面

12.某界面图形及参数如下图所示,其面积为(　　)m^2。

A.27.6　　B.32.85　　C.37.9　　D.42.6

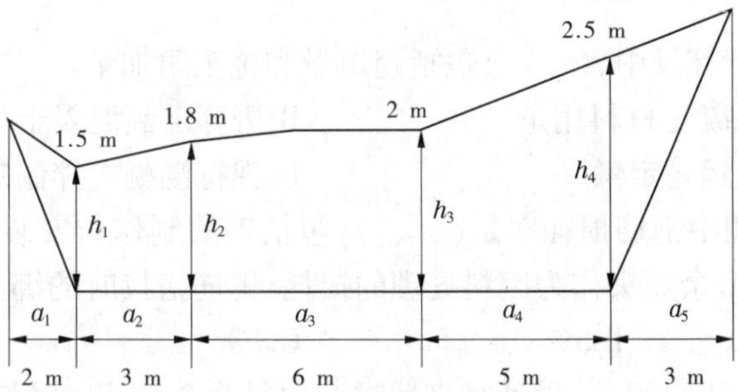

13.大面积土石方开挖工程量计算方法中,(　　)适于地形较平坦地区采用,计算精度较高。

A.三角形法　B.极坐标法　C.横截面法　D.方格网计算法

14.下列关于石方超挖说法错误的是(　　)。

A.石方开挖工程施工中几乎是不可避免地要发生超挖

B.石方开挖平均超挖值计算公式中 a 为钻机离边线的最小操作距离,一般约为 5 cm

C.开孔的孔位误差不大于 5 cm,每米钻孔斜率不大于 5 cm

D.超挖量与设计开挖工程量的比值即为超挖百分率,断面面积越小,超挖百分率越大

15.下列属于石方开挖施工附加量的有(　　)。

A.存放工具需要增加的工程量

B.隧洞开挖时大于设计断面的开挖工程量

C.设置临时的排水沟

D.石方用手持风钻在周边钻孔时最小的钻孔操作距离

E.为开挖创造条件而开挖的工作平台

16.某水工建筑物岩石基础边坡依开挖高度为 12 m,则其开挖允许超挖量及施工附加量一般应不大于(　　)cm 。

A.20　B.25　C.30　D.50

17.某地下工程石方开挖,地下建筑物的平均径向超挖值,平洞应不大于(　　)cm。

A.20　B.25　C.30　D.50

18.项目建议书阶段混凝土设计工程量宜按工程各建筑物(　　)计算。

A.分部位　B.分项　C.分机械　D.分级配

E.分强度

19.下列关于混凝土设计工程量规定说法错误的是(　　)。

A.预算定额包括了允许的施工超填量及合理的附加量

B.碾压混凝土宜提出工法,沥青混凝土提出开级配或密级配

C.钢筋混凝土钢筋在不同设计阶段可按含钢率或含钢量计算

D.混凝土结构中的钢衬工程量应单独列出,以重量计量

20.下列混凝土工程计算时,(　　)以面积计量。

A.止水　B.防水层　C.伸缩缝　D.支座

E.涂层

21.混凝土定额计算量中,(　　)包括超填量和施工附加量。

A.预算定额混凝土材料用量　　B.概算定额混凝土材料用量

C.现行混凝土运输定额　　D.现行混凝土拌制定额

22.现行概算定额中钢筋损耗率是(　　),包括钢筋制作与安装过程中的切断损耗、对焊时钢筋的损耗、截余短头作为废料处理的损耗、钢筋搭接时的绑条等。

A.3%　　B.5%　　C.7%　　D.10%

23.某导流平洞洞长 400 m,设计衬砌后隧洞内径为 3 m,设计衬砌厚度为 50 cm。拟采用《水利建筑工程概算定额》计算项目投资,则设计开挖量为(　　)m^3。

A.2 199.11　　B.3 035.53　　C.5 026.55　　D.5 862.97

24.某导流平洞洞长 400 m,设计衬砌后隧洞内径为 3 m,设计衬砌厚度为 50 cm。拟采用《水利建筑工程概算定额》计算项目投资。施工超挖按 16 cm 计,若含钢量为 50 kg/m^3,钢筋的设计工程量为(　　)t。

A.109.96　　B.151.78　　C.251.33　　D.293.15

25.下列关于模板工程设计工程量计算说法正确的有(　　)。

A.混凝土立模面积应根据建筑物结构体形、施工分缝要求和使用模板的类型计算

B.支撑模板的立柱、围令、桁(排)架及铁件等已含在定额中,不再计算

C.隧洞衬砌模板及涵洞模板的堵头和键槽模板未纳入概算定额,需要单独计算立模面积

D.渡槽槽身模板承重梁以下的支撑结构未包括在定额内

E.初步设计阶段模板工程量可按混凝土立模系数计算

26.混凝土蜗壳立模计算公式为 $13.40D_1{}^2$,式中 D_1 为(　　)。

A.水轮机转轮直径　　B.水轮机功率

C.尾水肘管进口直径　　D.尾水肘管出口直径

27.下列关于立模系数说法错误的是(　　)。

A.混凝土重力坝立模面系数中不包括拱形廊道模板

B.河床式电站闸坝的立模面系数主要与坝高有关,坝高小取大值,坝高大取小值

C.溢洪道闸室闸墩指中墩,其立模面系数最小

D.隧洞立模面系数计算按隧洞顶拱圆心角为 120°~180°,圆心角小时取大值,反之取小值

28.下列关于模板定额计算量说法错误的是(　　)。

A.模板定额的计量单位均按模板与混凝土接触面积以 100 m^2 计

B.模板属于周转性材料

C.模板制作定额的消耗量是使用一次应摊销的人工、材料、机械使用量

D.采用水利部定额编制造价时,不需要计算模板的工程量

29.下列关于钻孔灌浆与锚固工程中,设计工程量计算的原则及方法说法错误的有(　　)。

A.基础固结灌浆与帷幕灌浆工程量,自起灌基面算起,钻孔长度自实际孔顶高程算起

B.混凝土地下连续墙的成槽和混凝土浇筑工程量应分别计算,混凝土浇筑工程量按不同墙厚和地层以成墙体积计算

C.现行概算定额中钻孔和灌浆各子目已包括检查孔钻孔和检查孔压水试验

D.振冲桩应按不同孔深以桩长计算

E.喷混凝土工程量应按喷射厚度、部位及有无钢筋以体积计,回弹量应计入

30.下列钻孔灌浆工程中,(　　)设计工程量以面积计算。

A.地下工程固结灌浆　　B.回填灌浆

C.喷浆工程量　　D.喷混凝土工程量

E.混凝土地下连续墙成槽工程量

31.按现行概算定额,灌注桩造孔和灌注工程量以(　　)计。

A.长度 m　　B.延米　　C.面积 m^2　　D.孔

32.某引水隧洞全长 1 500 m,衬砌后内径 6 m,混凝土衬砌厚 0.8 m,全洞进行回填灌浆,范围为顶部 120°,则回填灌浆设计工程量为(　　) m^2。

A.9 420　　B.11 938　　C.28 260　　D.35 796

33.某工程的基础处理项目基础加固采用灌注桩,地层为卵石层,灌注桩数量为 120 根,每根桩平均深度为 20 m,桩径 0.8 m,则灌注桩的设计工程量为(　　)。

A.$3.2\pi\ m^3$　　B.20 m　　C.$384\pi\ m^3$　　D.2 400 m

34.下列关于疏浚工程设计工程量计算的原则及方法,说法错误的是(　　)。

A.疏浚工程量的计算,宜按设计水下方计量,开挖过程中的超挖及回淤量应计入疏浚工程量

B.吹填工程量计算,除考虑吹填区填筑量,还应考虑吹填土层固结沉降、吹填区地基沉降和施工期泥沙流失等因素

C.中砂、粗砂各分为松散、中密、紧密三类

D.排泥管安拆按单位管长"管长 · 次"计量

35.平均水深法多用于疏浚工程,用此法计算工程量时,应以不同的分块进行复核,且其误差值应控制在(　　)以内。

A.3%　　B.5%　　C.7%　　D.10%

36.下列关于工程量计算说法正确的有(　　)。

A.枢纽工程对外公路工程量,在施工图设计阶段,道路基层工程量以设计图示面积计算

B.土工合成材料工程量应区分不同材料和不同部位按设计铺设面积计算,不应计入材料搭接及各种型式嵌固的用量

C.管道防腐应分不同防腐材料按设计涂抹面积计算

D.永久供电线路工程量,按电压等级、回路数、主导线型号提出长度或具体工程量

E.安全监测设施,在项目建议书和可行性研究阶段,应根据工程方案计算工程量

37.管件、阀门应按设计安装数量计算,单体价值超过(　　)的阀门计入机电设备及安装工程,并按相应规定计算。

A.1 万元　　B.3 万元　　C.5 万元　　D.10 万元

38.下列关于施工临时工程量说法错误的是(　　)。

A.导流洞应计入永久性工程量,阶段系数按临时工程计取

B.施工支洞工程量应按永久性水工建筑物工程量计算要求进行计算,阶段系数按施工临时性工程计取

C.大型施工设施及施工机械布置所需土建工程量,按永久性建筑物的要求计算工程量,阶段系数按施工临时性工程计取

D.临时生产用房工程量可参考类似工程及相关规范,不同设计阶段结合工程情况以建筑面积或分项工程工程工程量计算

39.钢板桩格围堰按围堰的(　　)计算。

A.堰体方　B.有效面积　C.有效挡水深度　D.有效挡水体积

40.机电设备工程量根据不同设计阶段按(　　)计算。

A.重量　B.有效体积　C.设计图示数量　D.有效长度

E.已建工程类比确定

41.蝴蝶阀以外的其他进水阀以(　　)为计量单位。

A.台数　B.设备类型　C.过水能力　D.设备质量

42.机电设备和金属结构设备工程量计算中,滑触线应按设计铺设长度(　　)计算。

A. m　B.双 10 m　C.三相 10 m　D.单相 10 m

43.水工建筑物的各种钢闸门和拦污栅工程量以 t 计,项目建议书可按(　　)确定。

A.已建工程类比

B.初选方案确定的类型和主要尺寸计算

C.拟订方案的设计尺寸和参数计算

D.选定方案的设计尺寸和参数计算

44.下列(　　)购置费和安装费是合并列入安装费的。

A.透平油　B.六氟化硫气体　C.电缆　D.储气罐

E.未构成设备本体部件的管道

45.下列关于工程量阶段系数说法错误的是(　　)。

A.施工图设计阶段的工程量阶段系数为 1

B.阶段系数是定值,不随工程地质条件和建筑物结构调整

C.若采用混凝土立模面系数乘以混凝土工程量计算模板工程量,不应再考虑模板阶段系数

D.截流工程的工程量阶段系数可取 1.25~1.35

历年真题练习

【2019-54】　根据《水利水电工程设计工程量计算规定》(SL 328—2005),施工导流工程与永久性建筑物相结合部分(　　)。

A.计入永久性水工建筑物中,设计工程量阶段系数按永久性工程计取

B.计入永久性水工建筑物中,设计工程量阶段系数按施工临时性工程计取

C.计入施工导游工程中,设计工程量阶段系数按永久性工程计取计取

D.计入施工导游工程中，设计工程量阶段系数按施工临时性工程计取

【2019-55】　根据《水利水电工程设计工程量计算规定》(SL 328—2005)，关于钻孔灌浆设计工程量，以下说法正确的是(　　)。

A.基础固结灌浆钻孔工程量，自起灌基面算起以长度计

B.采用孔口封闭的帷幕灌浆，灌注孔口管的工程量等于孔口管长度

C.基础帷幕灌浆的工程量，自起灌基面算起以长度计

D.坝体接缝灌浆的工程量，按设计所需体积计算

【2019-56】　根据《水利水电工程设计工程量计算规定》(SL 328—2005)，砌筑工程量按(　　)分别计算。

A.砌筑厚度、砌筑方式和砌筑部位

B.砌筑材料、砌筑方式和砌筑部位

C.砌筑厚度、砌筑材料和砌筑部位

D.砌筑厚度、砌筑材料和砌筑方式

【2019-57】　根据《水利水电工程设计工程量计算规定》(SL 328—2005)，疏浚工程量的计算(　　)。

A.按设计水下方计量，不计超挖及回淤量

B.按实际开挖计量，包含超挖及回淤量

C.按设计实体方计量，计入超挖量，不计回淤量

D.按设计开挖量计量，计入超挖量，不计回淤量

【2019-58】　起重机滑触线的计量单位是(　　)。

A.m　　B.10 m　　C.双 10 m　　D.三相 10 m

【2019-60】　根据《水利工程工程量清单计价规范》(GB 50501—2017)，斜井石方范围是(　　)。

A.水平夹角 5°~70°的石方洞挖　　B.水平夹角 5°~75°的石方洞挖

C.水平夹角 6°~70°的石方洞挖　　D.水平夹角 6°~75°的石方洞挖

【2019-79】　根据《水利水电工程设计工程量计算规定》(SL 328—2005)，下列说法正确的有(　　)。

A.若采用混凝土含钢率或含钢量乘以混凝土设计工程量计算钢筋工不应再考虑钢筋设计工程量阶段系数

B.混凝土立模面积指混凝土与模板的接触面积，计算模板工程量不考虑板露明系数

C.锚杆(索)长度为嵌入岩石的设计有效长度，按规定应留的外露部分及加工损耗均应计入工程量中

D.喷混凝土工程量应按喷射厚度、部位及有无钢筋以及体积计算，回弹量应计入

E.疏浚工程量宜按设计水下方计算，开挖过程中的超挖及回於量应计入

参考答案

1.C。本题考核土石方的分类和开挖。参见教材 P386。

2.ABE。本题考核土方开挖工程的分类。参见教材 P386。

3.ACE。本题考核沟槽土方开挖。参见教材 P386。

4.A。本题考核一般石方开挖。参见教材 P386。

5.D。本题考核平洞石方开挖的定义。参见教材 P386。

6.B。本题考核地下工程石方开挖爆破方法。参见教材 P386。

7.BD。本题考核砌筑工程量的计量。

8.C。本题考核地槽工程量的计算。参见教材 P387。

挖方体积 $=2\times100\times(3+0.3\times2)=720(m^2)$

9.B。本题考核地坑工程量计算。参见教材 P387。

挖方体积 $=3\times10\times2+0.3\times2^2\times(3+10+4\times0.3\times2/3)=76.56(m^3)$

10.A。本题考核地坑工程量计算。参见教材 P387。

挖方体积 $=\pi\times5\times(2^2+3^2+2\times3)/3=31.7\pi(m^3)$

11.C。本题考核横断面法计算土石方开挖量。参见教材 P387。

12.B。本题考核断面面积计算。参见教材 P388。

断面面积 $=1.5\times(2+3)/2+1.8\times(6+3)/2+2\times(6+5)/2+2.5\times(5+3)/2=32.85(m^2)$

13.D。本题考核土石方开挖工程量计算方法。参见教材 P388。

14.B。本题考核土石方开挖超挖的相关规定。参见教材 P389。

15.ACE。本题考核施工附加量的原因和类型。参见教材 P389。

16.C。本题考核石方明挖工程允许超挖量。参见教材 P390。

17.A。本题考核地下工程允许超挖量。参见教材 P390。

18.BDE。本题考核混凝土设计工程计算。参见教材 P390。

19.A。本题考核混凝土设计工程量规定。参见教材 P390。

20.BCE。本题考核混凝土工程计量单位。参见教材 P390。

21.B。本题考核混凝土定额计算量。参见教材 P391。

22.C。本题考核现行概算定额钢筋损耗率。参见教材 P391。

23.C。本题考核设计工程量计算。参见教材 P392。

24.A。本题考核钢筋设计工程量计算。参见教材 P392。

25.ABD。本题考核模板工程设计工程量计算。参见教材 P392。

26.A。本题考核混凝土模板立模面积计算。参见教材 P393。

27.C。本题考核建筑物的立模面系数。参见教材 P393。

28.D。本题考核模板定额计算量。参见教材 P395。

29.BE。本题考核钻孔灌浆与锚固工程设计工程量计算。参见教材 P396。

30.BCE。本题考核钻孔灌浆与锚固工程设计工程量计量单位。参见教材 P396。

31.B。本题考核钻孔灌浆与锚固工程定额计量单位。参见教材 P396。

32.B。本题考核隧洞回填灌浆设计工程量计算。参见教材 P397。

33.D。本题考核灌注桩设计工程量计算。参见教材 P397。

34.A。本题考核疏浚工程计算原则。参见教材 P398。

35.B。本题考核疏浚与吹填工程工程量计算方法。参见教材 P398。

36.BCD。本题考核其他工程工程量计算。参见教材 P399。

37.C。本题考核管道、阀门的安装。参见教材 P399。
38.A。本题考核施工临时工程工程量计算与阶段系数选取。参见教材 P400。
39.B。本题考核围堰工程计量单位。参见教材 P400。
40.ACDE。本题考核机电设备工程工程量计算。参见教材 P400。
41.D。本题考核其他进水阀计量单位。参见教材 P400。
42.C。本题考核起重设备计量单位。参见教材 P400。
43.A。本题考核金属结构工程量计算方法。参见教材 P401。
44.CE。本题考核设备和材料的划分及费用计列。参见教材 P401。
45.B。本题考核工程阶段系数。参见教材 P401。
【2019-54】 B。参见教材 P400。
【2019-55】 A。参见教材 P396。
【2019-56】 B。参见教材 P387。
【2019-57】 A。参见教材 P397。
【2019-58】 D。参见教材 P400。
【2019-60】 D。参见教材 P386。
【2019-79】 AB。参见教材 P392/396/397/402。

第三节　水利工程工程量清单项目及工程量计算规则

核心考点点拨

【考点 01】 水利建筑工程工程量清单项目及计算规则

(一)土方开挖工程:500101。
(二)石方开挖工程:500102。
(三)土石方填筑工程:500103。
(四)疏浚和吹填工程:500104
(五)砌筑工程:500105。
(六)喷锚支护工程:500106。
(七)钻孔和灌浆工程:500107。
(八)基础防渗和地基加固工程:500108。
(九)混凝土工程:500109。
(十)模板工程:500110。
(十一)钢筋、钢构件加工及安装工程:500111。
(十二)预制混凝土工程:500112。
(十三)原料开采及加工工程:500113。
(十四)其他建筑工程:500114。

【考点 02】 水利安装工程工程量清单项目及计算规则

(一)机电设备安装工程:500201。
(二)金属结构设备安装工程:500202。

(三)安全监测设备采购及安装工程:500203。

【考点03】 措施项目和其他项目清单编制

典型习题

1.依据《水利工程工程量清单计价规范》(GB 50501—2007),编码500101的工程项目是(　　)。

A.土方开挖工程　　B.石方开挖工程

C.土石填筑工程　　D.疏浚吹填工程

2.依据《水利工程工程量清单计价规范》(GB 50501—2007),土方开挖工程中,场地平整按(　　)计量。

A.投标设计图纸场地平整面积　　B.投标设计图纸有效自然方体积

C.招标设计图纸场地平整面积　　D.招标设计图纸有效自然方体积

3.依据《水利工程工程量清单计价规范》(GB 50501—2007),下列关于石方开挖工程说法错误的是(　　)。

A.预裂爆破按招标设计图示尺寸计算的面积计量

B.斜洞石方开挖按招标设计图示轮廓尺寸计算的有效压实方体积计量

C.施工过程中增加的超挖量和施工附加量所发生的费用,应摊入有效工程量的工程单价中

D.开挖与运输不在同一标段的工程,应分别选取开挖与运输的工作内容计量

4.依据《水利工程工程量清单计价规范》(GB 50501—2007),下列(　　)按照设计图示尺寸计算的填筑体有效压实方体积计量。

A.一般土方填筑　　B.石料抛投

C.土工合成材料铺设　　D.反滤料填筑

E.石渣料填筑

5.依据《水利工程工程量清单计价规范》(GB 50501—2007),下列关于土石方填筑工程说法错误的是(　　)。

A.混凝土块抛投,按招标设计文件要求,以抛投体积计量

B.袋装土方填筑,按招标设计图示尺寸计算的填筑体有效压实方体积计量

C.施工过程中增加的超填量、施工附加量、填筑体及基础的沉陷损失等所发生的费用,应摊入有效工程量的工程单价中

D.钢筋笼块石的钢筋笼加工费用,应摊入钢筋笼块石抛投有效工程量的工程单价中

6.依据《水利工程工程量清单计价规范》(GB 50501—2007),某河道疏浚工程工程量为5万m^3,计划完成项目及费用包括:河道疏浚5 km费用50万元,排泥管安拆3万元,开工展布2万元,浚前扫床和障碍物清除5.5万元,排泥区围堰4.5万元,该疏浚工程单价为(　　)元/m^3。

A.10　　B.11　　C.12　　D.13

7.依据《水利工程工程量清单计价规范》(GB 50501—2007),下列吹填工程中,(　　)需要另行计量计价。

A.排泥区围堰　　B.吹填土体沉陷量
C.隔埂　　D.吹填泥沙流失量
E.浚前扫床和障碍物清除

8.依据《水利工程工程量清单计价规范》(GB 50501—2007),砌体工程中,砌体砂浆抹面(　　)。

A.按招标设计图示尺寸计算的有效抹面面积计量
B.按招标设计图示尺寸计算的有效抹面长度计量
C.按招标设计图示尺寸计算的有效砌筑体积计量
D.摊入砌体工程有效工程量的工程单价中

9.依据《水利工程工程量清单计价规范》(GB 50501—2007),锚喷支护工程中,(　　)所发生的费用应摊入有效工程量单价中。

A.锚杆　　B.钻孔　　C.锚索　　D.锚杆加工
E.锚索安装

10.依据《水利工程工程量清单计价规范》(GB 50501—2007),下列关于钢支撑加工说法错误的是(　　)。

A.按招标设计图示尺寸计算的钢支撑有效重量计量
B.不扣除孔眼的重量
C.拆除时招标人不需要另外支付拆除费用
D.不增加电焊条、铆钉、螺栓等的重量

11.依据《水利工程工程量清单计价规范》(GB 50501—2007),下列(　　)可按招标设计图示尺寸的有效灌注长度计量。

A.砂砾石帷幕灌浆　　B.土坝坝体劈裂灌浆
C.高压钢管回填灌浆　　D.接缝灌浆
E.岩石层固结灌浆

12.依据《水利工程工程量清单计价规范》(GB 50501—2007),下列关于钻孔和灌浆工程说法正确的有(　　)。

A.岩石层钻孔中,先导孔应另行计量计价
B.直接用于灌浆的水泥或掺和料的干耗量按设计净干耗灰量计量
C.高压钢管回填灌浆中,钢板预留灌浆孔封堵不属回填灌浆的工作内容,应计入压力钢管的安装费中
D.排水孔按招标设计图示尺寸计算的有效体积计量
E.钻孔和灌浆工程清单项目的工作内容不包括招标文件规定按总价报价的钻孔取芯样的检验试验费和灌浆试验费

13.依据《水利工程工程量清单计价规范》(GB 50501—2007),下列基础防渗和地基加固工程中,(　　)按照面积计量。

A.混凝土地下连续墙　　B.高压喷射水泥搅拌桩
C.钢筋混凝土预制桩　　D.高压喷射注浆连续墙
E.沉井

14.依据《水利工程工程量清单计价规范》(GB 50501—2007),下列基础防渗和地基加固工程计量说法错误的是( )。

A.地下连续墙施工的导向槽、施工平台,另行计量计价

B.混凝土灌注桩按招标设计图示尺寸有效长度计量

C.钢筋混凝土预制桩中预制桩制作费用不需要单独计量计价,应摊入有效工程量的工程单价中

D.振冲桩加固地基按招标设计图示尺寸计算的有效振冲成孔长度计量

15.依据《水利工程工程量清单计价规范》(GB 50501—2007),普通混凝土按招标设计图示尺寸计算的有效实体方体积计量。体积小于( )的圆角或斜角等的工程量不予扣除。

A.0.4 m^3　　B.0.3 m^3　　C.0.2 m^3　　D.0.1 m^3

16.依据《水利工程工程量清单计价规范》(GB 50501—2007),下列混凝土工程中,( )按招标设计图示尺寸计算的有效实体方体积计量。

A.水下浇筑混凝土　　B.碾压混凝土

C.膜袋混凝土　　D.沥青混凝土

E.预应力混凝土

17.依据《水利工程工程量清单计价规范》(GB 50501—2007),下列混凝土工程计量说法正确的有( )。

A.温控措施费应摊入相应温控混凝土的工程单价中

B.沥青混凝土封闭层按招标设计图示尺寸有效体积计量

C.止水工程按招标设计图示尺寸计算的有效长度计量

D.伸缩缝按招标设计图示尺寸计算的有效面积计量

E.混凝土凿除按招标设计图示凿除范围内实体方体积计量

18.依据《水利工程工程量清单计价规范》(GB 50501—2007),下列关于模板工程计量说法错误的是( )。

A.立模面积为混凝土与模板的接触面积

B.模板按招标设计图示混凝土建筑物结构体形、浇筑分块和跳块顺序要求所需有效立模面积计量

C.模板面板和支撑构件的制作单独计量计价

D.构成永久结构的预制混凝土模板,按预制混凝土构件计算

19.依据《水利工程工程量清单计价规范》(GB 50501—2007),下列关于钢筋、钢构件加工及安装工程说法错误的是( )。

A.包括钢筋加工、钢构件加工、钢筋及钢构件安装三个项目

B.钢筋加工及安装按招标设计图示计算的有效质量计量

C.施工架立筋、安装过程中操作损耗等所发生的费用,应摊入有效工程量的工程单价中

D.钢构件加工及安装,按招标设计图示钢构件有效质量计量

20.依据《水利工程工程量清单计价规范》(GB 50501—2007),预应力钢筒混凝土按

招标设计图示尺寸计算的(　　)计量。

A.有效实体方体积　B.有效安装长度　C.有效质量　D.有效根数

21.依据《水利工程工程量清单计价规范》(GB 50501—2007),条石料按照招标设计文件要求的(　　)计量。

A.有效清料方重量　B.有效清料方数量

C.有效清料方长度　D.有效清料方体积

22.依据《水利工程工程量清单计价规范》(GB 50501—2007),下列(　　)不属于其他建筑工程。

A.厂房装修工程　B.水土保持工程

C.混凝土半成品料　D.环境保护工程中的林草工程

23.依据《水利工程工程量清单计价规范》(GB 50501—2007),编码 500201001 的工程项目是(　　)。

A.水轮机设备安装　B.发电机设备安装

C.桥式起重机安装　D.主变压器设备安装

24.依据《水利工程工程量清单计价规范》(GB 50501—2007),机电主要设备组成部分不包括(　　)。

A.设备本体　B.附属设备　C.检测设备　D.埋件

25.依据《水利工程工程量清单计价规范》(GB 50501—2007),大型泵站水泵按招标设计图示的(　　)计量。

A.重量　B.数量　C.体积　D.长度

26.依据《水利工程工程量清单计价规范》(GB 50501—2007),机电设备安装工程中,(　　)按招标设计图示尺寸计算的有效长度计量。

A.轨道安装　B.水力机械辅助设备安装

C.照明系统安装　D.电缆安装及敷设

E.发电电压母线安装

27.依据《水利工程工程量清单计价规范》(GB 50501—2007),下列关于机电设备安装工程说法错误的是(　　)。

A.高压电气设备安装按招标设计图示的数量计量

B.一次拉线安装按招标设计图示尺寸计算的有效长度计量

C.电工实验室设备安装,包括为电气试验而设置的各种设备、仪器、表计等

D.机电设备装置性材料的运输、加工及安装过程中的操作损耗所发生的费用应单独计量计价

28.依据《水利工程工程量清单计价规范》(GB 50501—2007),金属结构设备安装工程中,(　　)按招标设计图示尺寸计算的有效重量计量。

A.启闭机　B.闸门　C.拦污栅　D.高压钢管

E.升船机

29.依据《水利工程工程量清单计价规范》(GB 50501—2007),下列关于安全监测设备采购及安装工程说法错误的是(　　)。

A.安全监测工程中的建筑分类工程项目执行水利安装工程工程量清单项目及计算规则

B.安全监测设备采购及安装工程包括设备费和安装工程费,在分类分项工程工程量清单中分列表示

C.安全监测设备采购及安装工程,按招标设计文件列示安全监测项目的各种仪器设备的数量计量

D.安全监测设备采购及安装工程,施工过程中仪表设备损耗、备品备件等所发生的费用,应摊入有效工程量的工程单价中

30.下列属于措施项目清单的有(　　)。

A.环境保护　　B.厂房装修工程

C.小型临时性工程　　D.环境保护工程中的林草工程

E.大型施工设备安拆费

历年真题练习

【2019-59】 根据《水利工程工程量清单计价规范》(GB 50501—2017),夹有孤石的土方开挖,大于(　　)m^3 的孤石按石方开挖计量。

A.0.3　　B.0.5　　C.0.7　　D.0.9

【2019-80】 根据《水利工程工程量清单计价规范》(GB 50501—2007),以"m^2"为计量单位的项目有(　　)。

A.岩石层帷幕灌浆　　B.岩石层固结灌浆

C.回填灌浆　　D.岩石面喷浆

E.混凝土地下连续墙

参考答案

1.A。本题考核水利建筑工程清单编码。参见教材 P403。

2.C。本题考核土方开挖工程计量。参见教材 P403。

3.B。本题考核石方开挖工程计量。参见教材 P403。

4.ADE。本题考核土石方填筑工程计量。参见教材 P403。

5.B。本题考核土石方填筑工程计量。参见教材 P403。

6.D。本题考核疏浚工程计量。参见教材 P403。

疏浚工程单价=(50+3+2+4.5+5.5)/5=13(元/m^3)

7.ACE。本题考核吹填工程计量。参见教材 P404。

8.A。本题考核砌体工程计量。参见教材 P404。

9.BDE。本题考核锚喷支护工程计量。参见教材 P404。

10.C。本题考核锚喷支护工程计量。参见教材 P404。

11.ABE。本题考核钻孔和灌浆工程计量。参见教材 P405。

12.BCE。本题考核钻孔和灌浆工程计量。参见教材 P405。

13.AD。本题考核基础防渗和地基加固工程计量。参见教材 P405。

14.B。本题考核基础防渗和地基加固工程计量。参见教材 P406。
15.D。本题考核混凝土工程计量。参见教材 P406。
16.BCE。本题考核混凝土工程计量。参见教材 P406。
17.ACDE。本题考核混凝土工程计量。参见教材 P406。
18.C。本题考核混凝土工程计量。参见教材 P407。
19.A。本题考核钢筋、钢构件加工及安装工程计量。参见教材 P407。
20.B。本题考核预应力钢筒混凝土计量。参见教材 P407。
21.D。本题考核原材料开采及加工工程计量。参见教材 P408。
22.C。本题考核其他建筑工程计量。参见教材 P408。
23.A。本题考核水利建筑工程清单编码。参见教材 P408。
24.C。本题考核机电设备的组成。参见教材 P409。
25.B。本题考核机电设备安装工程计量。参见教材 P409。
26.ADE。本题考核机电设备安装工程计量。参见教材 P409。
27.D。本题考核机电设备安装工程计量。参见教材 P409。
28.BCD。本题考核金属结构设备安装工程计量。参见教材 P411。
29.A。本题考核安全监测设备采购及安装工程计量。参见教材 P411。
30.ACE。本题考核措施项目清单。参见教材 P411。
【2019-59】 C。参见教材 P403。
【2019-80】 CDE。参见教材 P404~405。

参考文献

[1] 中华人民共和国水利部.水利工程设计概(估)算编制规定[M].郑州:黄河水利出版社,2014.
[2] 中华人民共和国水利部.水利建筑工程概算定额[M].郑州:黄河水利出版社,2002.
[3] 中华人民共和国水利部.水利建筑工程预算定额[M].郑州:黄河水利出版社,2002.
[4] 中华人民共和国建设部.水利工程工程量清单计价规范:GB 50501—2007[S].北京:中国标准出版社,2007.
[5] 中华人民共和国水利部.水利水电工程设计工程量计算规定:SL 328—2005[S].北京:中国水利水电出版社,2005.
[6] 中华人民共和国水利部.混凝土面板堆石坝施工规范:SL 49—2015[S].北京:中国水利水电出版社,2015.
[7] 中华人民共和国水利部.混凝土重力坝设计规范:SL 319—2018[S].北京:中国水利水电出版社,2018.
[8] 中华人民共和国住房和城乡建设部.堤防工程设计规范:GB 50286—2013[S].北京:中国计划出版社,2013.
[9] 梁建林.水利水电工程造价与招投标[M].3 版.郑州:黄河水利出版社,2018.